生命科学系のための
# 基礎化学

Mitch Fry, Elizabeth Page 著

林　利彦訳

東京化学同人

**CatchUp**
# Chemistry
## For the life and medical sciences

Mitch Fry
Elizabeth Page

© Scion Publishing Ltd, 2005

This translation of *Catch Up Chemistry* is published by arrangement with Tokyo Kagaku Dozin Co., Ltd.

# まえがき

　生命は，さまざまな化学反応過程の集積からなっており，それらが自己維持されるようにデザインされている．食べ物の適切な酸化反応によりエネルギーを獲得し，このエネルギーを用いて，生命体が細胞環境を精密に制御することが可能になっている．その結果として，代謝上も構造上も複雑性をますます高めることになる．地球上の生命はどれも基本的な化学の法則のうえに成り立っている．特筆すべきことの一つは炭素で，炭素原子は多様で広い範囲の生体構成分子の骨格をなす．これらの生体分子は水という普遍的な溶媒の中で機能するようにデザインされている．

　現代においては，学問的に成功を収めることに性急のあまり，情報をひとまとめのパッケージにしようとする傾向がある．そのため，情報と情報のつながりや互いの関係が疎になってしまう．確かに，こうすることで進歩は格段に速くなるのであるが，それは逆にわれわれの理解を薄めているのである．全体像を見ることこそ，もっともっと得るものが多いのである．生命の化学を学習することはこの全体像を得るうえで最初のステップとして必要不可欠である．

　このように生命の化学を知るためには，化学をマスターしないといけないということはない．本書では手短に化学の基本を概観して，それを生命現象にみられるさまざまな過程に対して応用，拡張していく．化学の基礎的なことがわかっているならば，生体内で起こっている反応過程などを理解することは可能になる．これらの化学の基本を，中学校レベルでカバーされている以上の化学の予備知識なしに理解しやすいように展開している．化学と生物の関係を断ち切ることは不可能である．なぜなら，生物は化学のうちの特殊な部分を拡大したところにあるから．初歩的な原理を理解する時間をとることさえいとわなければ，努力は十分に報われる．

　もし，読者が自分の選んだ生命科学のコースのどれかを学習し始めたのならば，まず，生命の不思議さについて考えてみよう．なぜ？どうして？とたずねてみよう．あなたの熱意を注ぎ込んでみよう．生命科学の分野の科学研究者はみんな，そういう人たちである．

　2005 年 5 月　リーズおよびレディングにて

Mitch Fry<br>
Elizabeth Page

# 著者略歴

**Mitch Fry** 博士（化学教育士, 化学教育博士）は生化学の大学院生である．かつて製薬企業で上席研究員として働き，また，中学校および高校の両方で理科の教師をしていた経験がある．彼の Leeds 大学における主要な役割は，生命科学の学部学生の教育，サポート，監督である．これには大学入学前の準備教育活動および大学入学手続の際の学生支援などの仕事も含まれる．

**Elizabeth Page** 博士（化学教育博士）は Reading 大学の化学部での学部教育の最高責任者である．最近 10 年間，生物学および他の生命科学の学生に化学を教育してきた経験の持主である．彼女は，大学教育に移行する学部 1 年生のサポートに特に関心をもっている．

# 訳者まえがき

　20世紀の後半に，生物学が生物科学に，すなわち生命科学へと発展した．21世紀を迎え，生命科学は医学，健康，教育への応用に資する技術的な面も整いつつある．科学の発展は人類の生活に影響を及ぼすレベルを超えて，人類の存続にかかわるような面が強調されて久しい．一方，私たち人間の健康，疾病からの回復，疾病から死に至る経路の回避あるいは迂回については，専門家からみると，未曾有の発展があるものの，一般市民の知識あるいは関心の度合いは，どこまで科学的になっているのであろうか．健康問題についての厚生労働省の扱いは，医療費のコストをどうするかが中心課題であるかのような報道が繰返されているのは，生命科学の進歩を把握し，実感している関係者にとっては，大変残念である．ぜひとも，生命科学を基に人間の健康維持，疾病からの回復を一般の人が知る機会を増やす必要がある．小学校から生命を科学的に学び，考える習慣をつけるように，教育内容の改革が望まれる．

　化学という学問は，目に見える現象を，目には見えない原子と原子のつながりで説明する学問である．プラスチック製品などは化学の発展の成果の一つであり，このことで化学は人間の生活に良い方向へと影響を与えてきた．一方，公害をはじめ，昔はそんなに頻度が高くはなかった，化学物質に対する不快感から，化学の進歩がもつ両刃の悪い方の面が強調されているようにみえる．

　生物は化学物質から構成されているが，生きていることの最大の特徴は構成されている物質が絶えず代謝され入れ替わっていることである．バクテリア（細菌）からヒトまで，生命体を構成している物質の基本構造はまったく同質であり，代謝される機構も共通している．バクテリアを用いて効率よく生命体の本質が解明され，分子レベルで生命の本質が解明されてきた．分子生物学という学問は高等教育を受けるものには必修科目になりつつある．遺伝子の本体がDNAという物質であることを示したワトソン-クリックの仕事が20世紀最大の発見の一つになっている．

　本書は現代の医療に欠かせない生命科学の基礎を理解するために，最低限知っておいたほうがよい化学とは何かをまとめた教科書である．化学をいつかは勉強しないといけないと思いながら，気持のうえで障壁を感じて

いる人に対して，今から読めば"生命科学に必要な化学は，これで，間に合うよ"というニュアンスで書かれたものである．生命科学の発展をどのように理解していくかによっては，本書のすべてが必要ではなく，関係がありそうなところだけを読んでみるというのもよいかもしれない．特に巻末に用語解説がまとめてあるので，基礎化学の小辞典代わりにもなる工夫がしてある．各章で最も重要な内容については，簡単な問題を与え，自分の理解がどこまでいっているかを診断できるようになっている．取上げた内容は，基礎生化学で扱うものより多岐にわたっている．生命を化学的に理解するうえで必要な基礎化学はこれ以外に何があるかとか，内容によってはもっと省略してもよいのではと思ったところもある．化学の立場から生命科学に必要な基礎化学を考えるのではなく，生命科学を勉強していく過程で，説明不足のために理解しにくい面を補う基礎化学とは何かという視点で書かれている教科書である．

　本書の翻訳は，東京化学同人編集部　住田六連部長および内藤みどり氏のすすめや援助があり，はじめて可能になった．特に，わかりやすい表現への見直し，わが国の化学教育現場で推奨されている，表現，定義について，お世話になりました．感謝申し上げます．

　本書が生命科学を理解するうえで役に立つことを願ってやみません．

　　2009年1月

　　　　　　　　　　　　　　　　　　　　　　　林　　利　彦

# 目　次

## 1. 元素，原子，電子 ……………………………………………………………… 1
1・1　同位体 …………………………………………………………………… 2
1・2　電　子 …………………………………………………………………… 3
1・3　まとめ …………………………………………………………………… 8
1・4　自己診断テスト ………………………………………………………… 9
1・5　発展：同位体と生物学 ………………………………………………… 9
1・6　発展：周期表 …………………………………………………………… 13

## 2. 結合，電子，分子 ……………………………………………………………… 19
2・1　共有結合とは？ ………………………………………………………… 19
2・2　非結合電子：孤立電子対 ……………………………………………… 21
2・3　π分子軌道 ……………………………………………………………… 22
2・4　配位結合 ………………………………………………………………… 23
2・5　電気陰性度と共有結合の極性 ………………………………………… 24
2・6　電気陰性度は共有結合にどのような影響を与えるか ……………… 25
2・7　イオン結合 ……………………………………………………………… 26
2・8　化学結合の概念 ………………………………………………………… 26
2・9　まとめ …………………………………………………………………… 27
2・10　自己診断テスト ………………………………………………………… 28
2・11　発展：ペプチド結合 …………………………………………………… 28

## 3. 分子間相互作用 ………………………………………………………………… 34
3・1　水素結合 ………………………………………………………………… 34
3・2　電荷–電荷相互作用 …………………………………………………… 37
3・3　近距離の電荷–電荷相互作用 ………………………………………… 38
3・4　疎水性相互作用 ………………………………………………………… 39
3・5　まとめ …………………………………………………………………… 40
3・6　自己診断テスト ………………………………………………………… 40
3・7　発展：水への溶解度 …………………………………………………… 41

## 4. 分子の数の表し方 ……………………………………………… 46
  4・1 モル：物質量の単位 …………………………………………… 46
  4・2 モル質量 ………………………………………………………… 48
  4・3 モルとモル濃度 ………………………………………………… 49
  4・4 単位についてのメモ …………………………………………… 50
  4・5 希　釈 …………………………………………………………… 51
  4・6 パーセント組成の溶液 ………………………………………… 52
  4・7 まとめ …………………………………………………………… 53
  4・8 自己診断テスト ………………………………………………… 54
  4・9 発展：モルに慣れる …………………………………………… 55

## 5. 炭素—生命体のもと …………………………………………… 59
  5・1 炭素の電子配置 ………………………………………………… 59
  5・2 混　成 …………………………………………………………… 60
  5・3 炭素が四価であること ………………………………………… 61
  5・4 分子の形 ………………………………………………………… 62
  5・5 π結合と電子の非局在化 ……………………………………… 64
  5・6 芳香族性 ………………………………………………………… 66
  5・7 まとめ …………………………………………………………… 67
  5・8 自己診断テスト ………………………………………………… 67
  5・9 発展：多様な炭素構造体 ……………………………………… 68

## 6. 形だけが異なる同じ分子 ……………………………………… 72
  6・1 異性体 …………………………………………………………… 72
  6・2 光学異性 ………………………………………………………… 72
  6・3 幾何異性 ………………………………………………………… 76
  6・4 立体異性体が問題になる場合 ………………………………… 78
  6・5 まとめ …………………………………………………………… 79
  6・6 自己診断テスト ………………………………………………… 80

## 7. 水—生命の溶媒 ………………………………………………… 81
  7・1 水分子の結合 …………………………………………………… 81
  7・2 水の解離（自己イオン化）…………………………………… 82
  7・3 酸と塩基 ………………………………………………………… 84

- 7・4 酸性度と pH ……………………………………………………… 85
- 7・5 水の pH の計算 ………………………………………………… 86
- 7・6 水中での弱酸と弱塩基の解離 ………………………………… 87
- 7・7 緩 衝 液 ………………………………………………………… 89
- 7・8 ヘンダーソン–ハッセルバルヒの式を用いた緩衝系の pH の計算 …… 90
- 7・9 生命と水 ………………………………………………………… 91
- 7・10 アミノ酸 ………………………………………………………… 93
- 7・11 細胞の pH の調節 ……………………………………………… 94
- 7・12 まとめ …………………………………………………………… 95
- 7・13 自己診断テスト ………………………………………………… 96
- 7・14 発展: 生体の緩衝液 …………………………………………… 96

## 8. 反応する分子とエネルギー …………………………………… 101
- 8・1 分子からエネルギーを得る …………………………………… 101
- 8・2 分子を反応させるには？ ……………………………………… 103
- 8・3 エネルギー，熱，仕事: 熱力学の基礎用語 ………………… 105
- 8・4 エンタルピー …………………………………………………… 106
- 8・5 エントロピー …………………………………………………… 107
- 8・6 ギブズ自由エネルギーと仕事 ………………………………… 107
- 8・7 生物反応でのエネルギー変化 ………………………………… 110
- 8・8 まとめ …………………………………………………………… 111
- 8・9 自己診断テスト ………………………………………………… 112
- 8・10 発展: 自由エネルギーと代謝経路 …………………………… 113

## 9. 反応中の分子と反応速度論 …………………………………… 120
- 9・1 速度式 …………………………………………………………… 121
- 9・2 反応の経路と反応機構 ………………………………………… 123
- 9・3 律速段階 ………………………………………………………… 124
- 9・4 活性化エネルギーを考える …………………………………… 124
- 9・5 平 衡 …………………………………………………………… 125
- 9・6 平衡点は変わりうる …………………………………………… 127
- 9・7 自由エネルギーと平衡 ………………………………………… 129
- 9・8 平衡では，自由エネルギー変化はゼロである ……………… 129
- 9・9 まとめ …………………………………………………………… 130

9・10　自己診断テスト ……………………………………………… 131

## 10. エネルギーと生命 …………………………………………… 132
10・1　酸化と還元 …………………………………………… 133
10・2　半　反　応 …………………………………………… 134
10・3　酸化還元電位 ………………………………………… 136
10・4　自由エネルギーと酸化還元電位 …………………… 138
10・5　生命のエネルギーを獲得するには？ ……………… 138
10・6　自由エネルギーに何が起こっているのか ………… 140
10・7　ま　と　め …………………………………………… 141
10・8　自己診断テスト ……………………………………… 141
10・9　発展: 酸　化 ………………………………………… 142

## 11. 生体分子の反応性 …………………………………………… 145
11・1　付 加 反 応 …………………………………………… 146
11・2　置 換 反 応 …………………………………………… 147
11・3　脱 離 反 応 …………………………………………… 147
11・4　ラジカル反応 ………………………………………… 148
11・5　π結合と付加反応 …………………………………… 149
11・6　官能基が分子を連結していく ……………………… 151
11・7　酵素触媒反応 ………………………………………… 154
11・8　ま　と　め …………………………………………… 155
11・9　自己診断テスト ……………………………………… 155
11・10　発展: 酵素触媒 ……………………………………… 156

## 自己診断テストの解答 …………………………………………… 162

## 付　　録
1. よく知られている化合物の化学式, 名称, 性状 …………… 168
2. よく知られているアニオンとカチオン ……………………… 169
3. よく知られている官能基 ……………………………………… 169
4. 表記法, 公式, 定数 …………………………………………… 170
5. 用 語 解 説 …………………………………………………… 175

## 索　　引 …………………………………………………………… 185

# 1 元素，原子，電子

> **基本概念**
> 原子の構造と同位体の性質からスタートしよう．同位体は生物学では重要な役割をするので，"発展"（基礎よりもう少し先のことを学ぶ）の節の主題とする．電子の分布と配置を種々の原子について考え，原子軌道についても慣れるようにしよう．原子軌道の理解は原子の反応性，原子と原子がどのように結合するかを理解するうえで必須である．特に，生命体を構成している基本単位となる元素については，その原子軌道を十分に知っておく必要がある．

天然には92種類の**元素**が存在している．私たちが生きている世界を構成している物質は，これらの元素の組合わせからなる．元素とは化学的方法ではそれ以上分解できない単一の物質である．たとえば，炭素は元素のうちの一つである．酸素もそうである．各元素は大文字のアルファベットと，場合によってはその後に小文字のアルファベットをつけて表す．例をあげると，炭素＝**C**，カルシウム＝**Ca**，窒素＝**N**，ナトリウム＝**Na**などである．元素はどれも多数の**原子**からできている．原子は非常に小さい同一の粒子である．原子とは一つの元素を細かく分けられるだけ分けていったとき行き着く，最も小さい粒子のことである．たとえば，炭素は炭素原子だけから，酸素は酸素原子だけからなっている．原子自身はさらに小さい，**素粒子**とよばれる単位からできている．これらの素粒子のなかで，おもなものは**陽子**（プロトン），**中性子**，**電子**の3種類である．

原子の質量中心は**原子核**にある．原子核は陽子と中性子からなる．これらの二つの素粒子の違いは，その電荷の違いにある．一つの陽子は＋1の電荷をもつが，中性子は正味で電荷をもたない（名前のゆえんである）．原子核中に存在する陽子の数は各元素に固有のものである．元素の**原子番号**（$Z$）はその原子核の陽子の数と等しい．原子核中の陽子と中性子の和はその元素原子の**質量数**（$A$）と等しい．

> **要点メモ**
>
> 原子番号（$Z$）＝陽子の数
> 質量数（$A$）＝陽子の数＋中性子の数

## 1・1 同位体

ある一つの元素の原子核中の中性子数は，場合によっては異なることがありうる．それらは**同位体**とよばれる．

ある原子の原子核の組成は $_Z^A\mathrm{X}$ で示される．ここで，$A$＝質量数で $Z$＝陽子数（原子番号）．

元素の原子番号はその元素に固有であるので，この書き方は省略して $^A\mathrm{X}$ と書かれることも多い．

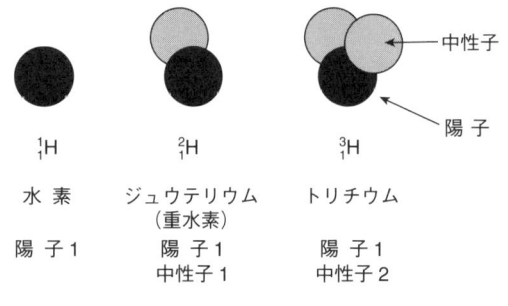

図1 水素の同位体

水素の同位体には $_1^1\mathrm{H}$（水素-1），$_1^2\mathrm{H}$（水素-2），$_1^3\mathrm{H}$（水素-3）の三つがある．$_1^1\mathrm{H}$ は最も普通に存在する水素で，原子核には陽子が一つだけあり，質量数1，$_1^2\mathrm{H}$ は重水素（ジュウテリウム）ともよばれ，原子核には陽子が1，中性子の数1で質量数2，$_1^3\mathrm{H}$ はトリチウムともよばれ，陽子の数1，中性子の数2で質量数3，である．どの同位体も陽子の数は1個だけで，水素である（図1）．同様に，炭素にも3種の同位体 $_6^{12}\mathrm{C}$，$_6^{13}\mathrm{C}$，$_6^{14}\mathrm{C}$ がある．このうち，よくみられるのは $_6^{12}\mathrm{C}$ と $_6^{14}\mathrm{C}$ である．

> **要点メモ**
>
> 同じ元素の同位体は中性子の数は違うが陽子の数は同じである．

同位体には安定なものと放射性のものとがある．上の例であげた同位体でいえば，$^1_1H$, $^2_1H$ は**安定同位体**で，$^3_1H$ は**放射性同位体**である．同様に，$^{12}_6C$ と $^{13}_6C$ は安定同位体であるが，$^{14}_6C$ は放射性である．同位体は生物学の研究においてはきわめて重要で，さまざまな機会に利用されている．

**発展**
同位体と
生物学
(p.9)

> **要点メモ**
>
> 放射性同位体は不安定で，崩壊し，放射線を放出する．

## 1・2 電　子

一つの原子に存在する電子の数はその原子の原子核中に存在する陽子の数に等しい．化学反応性を決めるのは原子中の電子の配置である．

電子は素粒子の一つで，質量は無視できるくらい小さい．電子がもつ単一の負の荷電（− 1）は陽子がもつ単一の正の荷電と荷電量は等しく，符号が逆である．原子中の電子の数は陽子の数と等しいので，原子全体としては正味の電荷をもたない．

電子が原子核の周りを動く速さは光の速度に匹敵する．ある瞬間に電子がどこにあるかを精確に表すことは不可能である．このことが不確定性原理の基になっている．そのため，ある瞬間に原子の内部のどこに電子を見いだすかの確率について考えることになる．

20 世紀の最初に行われた実験から電子は核の周りを勝手に回っているのではなく，特定の**エネルギー準位**すなわち**殻**に限定されて，存在している．エネルギー準位は $n$ という数字で表され，$n = 1$ から始まる．通常の条件下では電子は一番低いエネルギー準位から占めていく（エネルギー準位といったり，殻といったりするが，両者は同じ意味である）．

> **要点メモ**
>
> 原子の原子番号が元素を決めるが，原子の化学反応性を決めるのは電子の配置である．

各エネルギー準位内はさらにいくつかのサブレベルに分かれている．サブレベルは同じエネルギー準位ではあるが，電子の存在する確率の高い場所を特定するものである．このように同一エネルギー準位で，電子の存在する確率の高

い領域のことを**原子軌道**という．原子軌道はそれぞれ特定の形状をしていて，最大限2個の電子が存在する．原子核に一番近いところが一番エネルギー準位が低く $n=1$ である．$n=1$ のエネルギー準位の原子軌道は軌道の形状が球形である．球状であることから **s軌道** とよばれる（s = sphere: 球）．$n=1$ のエネルギー準位にある球状軌道なので，**1s軌道** とよぶ．

> **要点メモ**
>
> 原子軌道とは電子の存在確率が高い空間領域のことである．

1s軌道とは電子の存在確率が高い領域が，原子核に一番近い，周辺領域で球状の部分であるとして記述できる（図2）．図の真ん中にある黒い点が原子核を表す．この図は実際の大きさ関係を表していない．原子核の外側の空間領域の大部分は何もない．原子核の半径は実際には原子全体の半径のおおよそ，1万分の1である．

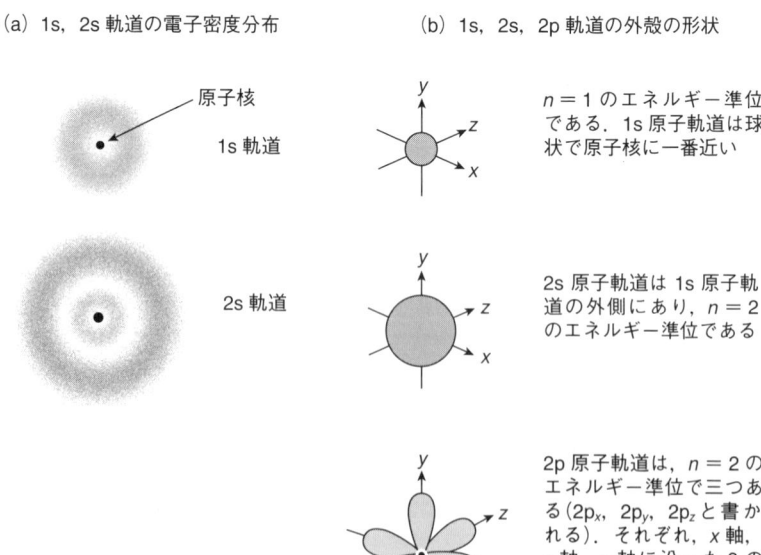

**図2　原子軌道 s と p の配置**

2番目に低いエネルギー準位（$n = 2$）は1番目のエネルギーより少し高いエネルギーにある．2番目のエネルギー準位には，電子の存在確率が高い空間領域の形状に，二つの種類がある．一つは球状の原子軌道でこれは一番エネルギーの低い準位のときと同様である．球状で，2番目のエネルギー準位にあるため，2s軌道とよばれる．

　このエネルギー準位（$n = 2$）にあるもう一つの種類は**p軌道**とよばれ，三つあり，各p軌道は$x, y, z$軸に沿った配向をしている．p軌道の占める空間領域の形状は8の字すなわち亜鈴形である．2番目のエネルギー準位にある，これらの三つのp軌道は**$2p_x, 2p_y, 2p_z$**と名づけられている．原子核から，さらに遠ざかるとエネルギーはますます高くなり，原子軌道はもっと多数で，もっと複雑な形状になる．

　エネルギー準位および原子軌道に電子を満たしていくうえで重要な規則がいくつかある．

・**一番エネルギーの低いところから順番に電子を満たしていく**．すなわち，$n = 1$の最初の1s原子軌道準位が満たされた後に，第2番目の準位に入ることができる．
・**同じエネルギー準位中では最も低いエネルギー準位から電子が満たされていく**．s軌道はp軌道よりも低いエネルギー配置になっているので，電子はまずs軌道から入り，ついでp軌道が満たされていく．
・**各原子軌道は最大限電子を2個入れられる**．各s軌道（1s, 2s, 3sなど）は最大限2個しか電子を入れられない．同一の原子軌道を二つの電子が占めているときは，それらのスピンは逆方向に向いている．スピンが同じ方向の場合は電子同士の反発があり，同一の軌道に入ることはできない．

　電子軌道を描くのはなかなか難しいが，電子が軌道を占めることを**電子の箱詰め**のように考えるとわかりやすい．これを原子中の**電子配置**という．

　たとえば，水素は最も単純な原子で，原子核には陽子が一つだけしかないので，核外にある電子も一つである．水素の電子配置は

　　　　$1s^1$

となる．

　水素原子の1個の電子が1s軌道を占めていることを示す．1s軌道は$n = 1$という，一番低いエネルギー準位である．次の元素は陽子をもう一つ増やし，核外の電子を一つ増やす．この元素はヘリウム，Heである．ヘリウムは原子

核中に中性子を二つもつ．ヘリウムの元素記号は $^4_2\text{He}$ となる．ヘリウム中の電子二つは 1s 軌道を占めるので，ヘリウムの電子配置は

$$1s^2$$

これで，最初のエネルギー準位は満たされ，次の元素リチウム，Li は原子番号 3 で，三つの電子をもつ．リチウムの二つの電子は最初の準位を満たし，残った一つの電子は第二の準位，$n=2$ にいかねばならない．したがって，リチウムの電子配置は

$$1s^2 2s^1$$

2s 軌道が満杯になると，電子は 2p 軌道に入り始める．2p 軌道は $n=2$ のエネルギー準位であるが，少しだけエネルギーが高い．炭素までいくと，炭素は 6 個の電子をもつので，電子配置は

$$1s^2 2s^2 2p^2$$

三つの 2p 軌道，$2p_x, 2p_y, 2p_z$ は同一のエネルギーをもつ．したがって，電子は空いている p 軌道から入っていき，それが終わってから半分だけ残っている p 軌道を満たすように入る．すべての p 軌道はエネルギー的に等価であるので，$2p_x, 2p_y, 2p_z$ の三つの軌道のどれから入っていくかということは決められない．$n=1$ を除くと各エネルギー準位には三つの p 軌道があり，各軌道は最大限二つの電子をもつことができるので，どのエネルギー準位の軌道に入ってもよいから，最大限 6 個の電子が存在しうることになる．

上述のことを電子の箱詰めを用いると，次の図のように要約できる．ここでは炭素 C について示す（図 3）．

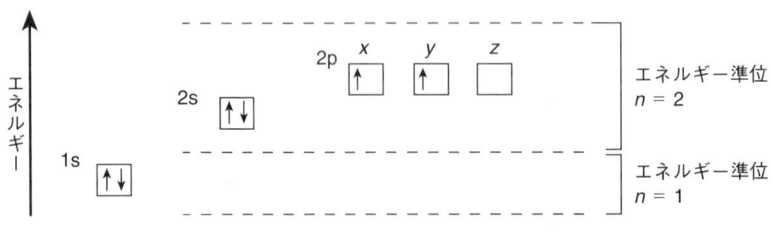

図 3　炭素の電子配置

$n=1$ のエネルギー準位の 1s 軌道が，スピンが反対向きの電子二つで満たされていることを逆の方向になった二つの矢印で示す．$n=2$ のエネルギー準位でも同様に 2s 軌道が満たされ，同じ 2 番目のエネルギー準位でも，少しだ

け高いエネルギー準位の三つのp軌道のうちの二つに電子を1個ずつ入れ，三つ目のp軌道は空いている．ここでは電子の入っている軌道は$2p_x$と$2p_y$にしてある．

周期表中の各元素は原子核にある陽子の数が一つ増えると，電荷のバランスをとるように外殻にある電子が一つ増えるようになっている．原子番号6の炭素の次の元素は原子番号7の窒素である．窒素の電子配置を図4に示す．

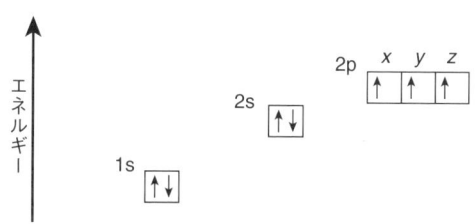

**図4　窒素の電子配置**

窒素原子では各p軌道は電子を一つずつもっており，2p軌道は半分満たされている．

窒素の原子核に陽子を一つ，外殻に電子を一つ増やすと原子番号8の酸素になる．一つ増えた電子は半分占められた軌道の一つにスピンを反対向きにして入る．そのため，p軌道の一つは満杯になる（図5）．

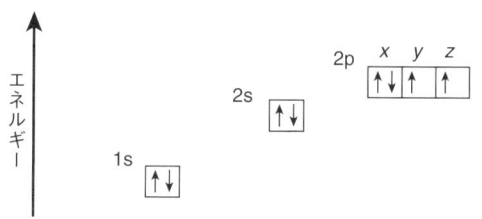

**図5　酸素の電子配置**

フッ素は原子番号9で，2p軌道の二つは満杯で3個目のp軌道が半分占められている．原子番号10のネオンまでいくと，周期表の第二周期は終わりとなり，第2番目のエネルギー準位の原子軌道はすべて電子で満たされる．

ネオンは不活性な元素，希ガスあるいは貴ガス族の仲間である．反応性が欠如しているのは外殻の電子軌道がすべて満たされていることによる．すなわち，ネオンは他の原子から電子を得ることもまた他の原子へ電子を失うこともしな

い．つまり，他の原子と結合しようとしないのである．ネオンの電子配置を図6に示す．

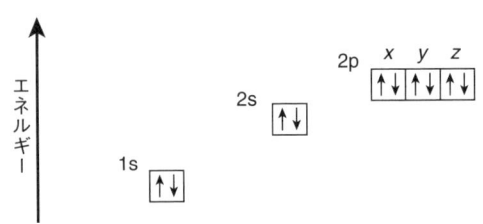

図6　ネオンの電子配置

　原子同士が反応して，外殻エネルギー準位を満たそうとしているのだと考えるのは，原子の性質を単純化しすぎであるが，しかし，とても便利な考え方である．エネルギー準位を満たして，安定な状態に到達するのである（**オクテット則**）．このようなモデルで考えるのは第二周期の元素が互いに結合する様子を記述するうえでは便利で有用である．周期表の一番右側にある元素の族，すなわち，ヘリウム，ネオン，アルゴン，クリプトンでは外殻エネルギー準位は全部電子で満たされており，非常に安定で，不活性な元素である．活性があるとは，原子同士が結合することをいう．原子は互いに電子を共有し，共有結合を形成する．電子を共有することで原子は外殻エネルギー準位を満たすことになり，その結果，より安定な状態になる．オクテット則とは原子は互いに電子エネルギー準位を満たし，より安定な状態になることをいう．大概の軽い元素では完全に電子エネルギー準位を満たすには八つの電子が必要である（すなわち，s軌道に二つの電子，三つのp軌道それぞれに二つの電子）．

発展
周期表
(p.13)

## 1・3　まとめ

1. 原子核中の陽子の数は各元素に固有のものである．一方，中性子の数は変わりうるので，同一の元素に，同位体が生じうる．
2. 同位体は生物学では重要である（"発展：同位体と生物学"を参照）．
3. 電子は1s，2s，2pなどの原子軌道に見いだされる．原子軌道は原子核から遠ざかるほど，エネルギーが高くなる．
4. 原子軌道とは電子を見いだす確率の高い空間領域である．原子中に電子がどのように存在するかは，電子配置あるいは電子箱詰めの図を用いて，簡

略化して表すことが多い．
5. s 軌道あるいは p 軌道それぞれの原子軌道一つには最大限 2 個の電子が占有される．
6. 外殻のエネルギー準位が完全に満たされた元素は安定で，不活性である（"発展：周期表"を参照）．
7. 原子が互いに結合するときは，電子を共有したり，電子を失ったり，得たりすることで，エネルギー準位が満たされた状態を実現することによる．

## 1・4　自己診断テスト

解答は 162 ページ．

**問 1・1**　同位体　水素-1，水素-2，水素-3 の質量数はそれぞれいくらか．

**問 1・2**　(a) エネルギー準位 $n = 1$ には何種類の原子軌道があるか．
(b) エネルギー準位 $n = 2$ には何種類の原子軌道がありうるか．

**問 1・3**　原子軌道の定義は？

**問 1・4**　(a) 1s, 2s, 2p 原子軌道が電子で満杯になっている原子には何個の電子が存在するか．
(b) この原子は反応しやすいであろうか．

**問 1・5**　(a) 次の原子軌道をエネルギーの高さに従って，低いものから順番に並べなさい．$2p_x, 2p_y, 2p_z, 2s, 1s$.
(b) これらの原子軌道のエネルギーと原子核からの距離はどのような関係になっているか．

# ▶ 発　展

## 1・5　同位体と生物学

いくつかの元素では同位体が不安定で，エネルギーあるいは質量を失って，安定な状態へ変化する．このような不安定な同位体を**放射性同位体**という．放射性同位体は崩壊する．崩壊する過程で放射線種を一つ以上放射する．すなわち，$\alpha$（アルファ）粒子，$\beta$（ベータ）粒子，$\gamma$（ガンマ）放射（あるいは $\gamma$ 線ともいう）．崩壊するとまったく異なる元素になる．

生物学に放射性同位体を初めてもち込んで行った研究は1923年で，当時，フライブルグ大学で，植物が取込んだ放射性鉛がどこに分布するかを研究していたゲオルク・ヘベシーによる（彼はのちに1943年ノーベル賞を受賞した）．1930年代の中ごろにはサイクロトロンが発明され，これを用いて人工的な放射性同位体として，炭素-14，ヨウ素-131，窒素-15，酸素-17，リン-32，硫黄-35，トリチウム（水素-3），鉄-59，ナトリウム-24が合成されるようになった．

放射性同位体が生物学で使用されるようになったのは，その特別な性質にある．

1. 放射性同位体は検出可能である．高性能のモニター機器を用いると，生体内および環境中で放射性同位体を検出し，測定し，そして追跡することが可能である．
2. 元素の種類によっては，生物は放射性同位体と天然に存在する安定同位体とを識別できない．
3. 放射性同位体には固有の半減期がある．半減期とは放射能が半分に減るまでにかかる時間のことである．放射性同位体が異なると，半減期も異なる．
4. 放射性同位体は生体物質に傷害を与えうる．

## 生態学と環境

食べ物として生物に取込まれた放射性同位体の分布をみることにより，生態系での栄養素の分布，海や陸床への廃棄物の影響，微小な有害生物への分散などを研究することが可能である．用いる放射性同位体としては適度な半減期のものを選ぶ必要がある．実験を遂行するうえで十分に長い必要もあるが，逆に長すぎて環境中に残存し，放射能が生物に傷害を与えるようなことがあっては困る．

## 堆積岩の年譜

堆積岩の生成年代は放射性同位体を用いて精確に求めることが可能である．これは放射性同位体の崩壊現象に基づくものである．堆積が起こると同位体は岩に取込まれていく．放射性同位体は一定の速度で別の元素に変化していく．同位体の崩壊速度は**半減期**で表される．半減期とは文字通り，はじめにあった原子（親核ということがある）の半分が崩壊して別の原子（娘核ということがある）になるのにかかる時間と定義される．たとえば，カリウム-40が崩壊してアルゴン-40になり，そのまま岩石に捕捉された状態になっている．岩石

中のアルゴン-40を測定できる．カリウム-40の半減期は$1.3 \times 10^6$年である．地球の年齢と同じくらい年月を経た岩石の年代を10万年の単位で決めるのに有用である．

### 炭素-14による年代決定

大気の上層圏では窒素-14に宇宙線が降りかかることで，たえず炭素-14が生じている．炭素-14はβ線を放出して窒素-14になるが，その半減期は5730年である．炭素のこの同位体は炭素を含んでいる遺物ならば何でも年代を測定するのに使われている．天然には炭素-12の10億分の1，炭素-14が存在する．すべての生命体は炭素を基にできているから，生命体の成長とともにこの割合で炭素同位体が取込まれ続ける．しかし，死んでしまうと炭素-14の取込みは終わるので，それ以上炭素-14の割合が増えることはなくなる．したがって，炭素-14の濃度は時間とともに窒素-14へと変換されて減っていく．炭素-14と炭素-12の割合を測定することで，かなり正確に生命体の存在した年代が見積もられる．この方法で決めた年代は歴史的な記録と10％以内の差で求められる．

### 医学における同位体

放射線ががん細胞を殺すことは古くから知られているが，放射線は健常な細胞をも殺す．**放射免疫療法**は正常な細胞に影響が少なく，腫瘍細胞により特異的に，放射線を当てる方法である．原理的には，放射免疫療法では，がん細胞に特有の抗原を特異的に認識する抗体を作成する必要がある．特異的な抗体に化学的に放射性同位体を結合させ，抗体を放射能標識する．放射能をもつ抗体は体内に注入されると，がん細胞を探し求めて結合する．がん細胞は放射活性物質が結合したところから最も近くにあるので，放射線は主としてがん細胞のみを殺すことになる．健常な細胞は離れているので，害はずっと少なくなる．

甲状腺がんの治療にヨウ素-131が長い間用いられてきている．現在は，ヨウ素-131を抗体に結合させることで，さまざまながんの放射免疫治療に用いられている．ヨウ素-131の半減期は8日で，β線とγ線を放射する．ヨウ素-131が崩壊してキセノンになる過程の化学反応式を次に記す．

$$^{131}_{53}\text{I} \longrightarrow {}^{131}_{54}\text{Xe} + {}^{0}_{-1}\text{e} + \gamma \text{線}$$
$$\text{β粒子}$$

この崩壊過程で放出される高エネルギーのβ粒子はヨウ素-131の原子核からのものである。中性子が陽子に変化する過程でβ粒子が放出され，原子番号が一つ増えて，54（＝キセノン）になる。質量数の方は変化がない。ヨウ素-131自身を化学的に抗体に結合させる。ヨウ素-131から放射されるβ線はエネルギーが高く，生物組織中の平均飛程距離は5 mmである。このため腫瘍組織の限定した部位で破壊することができるし，また，相当広い範囲のがん細胞を殺すことが可能となる。ヨウ素-131のもう一つの利点はγ線も放射することである。γ放射線はイメージング検知器で検知できる。この結果を用いて，医師は患部についての情報を知ることができる。特に，がんがどの程度進行しているか，どこまで広がっているかを知ることができる。このような放射線診断は早期の発見および疾患について，より多くの情報を与えるので，迅速で効果的な治療を可能にする。

同位体を基にした検知により臨床医学へのもう一つの応用例は炭素-13を用いる試験法で，ヘリコバクター・ピロリの検出である（炭素-13は安定同位体であり，放射性同位体ではないことに注意）。この細菌は胃潰瘍の原因菌である。この細菌は酵素ウレアーゼをもっていて，尿素を分解し，二酸化炭素を生じる（図7）。炭素-13をもつ尿素はピロリ菌がいると炭素-13からなる，二酸化炭素を生じる。胃にピロリ菌がいると，炭素-13で標識された二酸化炭素が呼気に出てくる。

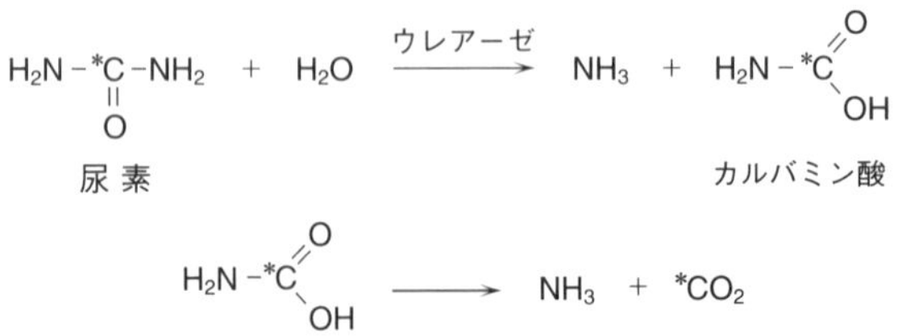

$$H_2N-*C(=O)-NH_2 + H_2O \xrightarrow{\text{ウレアーゼ}} NH_3 + H_2N-*C(=O)OH$$

尿素　　　　　　　　　　　　　　　　　　　　カルバミン酸

$$H_2N-*C(=O)OH \longrightarrow NH_3 + *CO_2$$

酵素ウレアーゼの作用によりアンモニアと二酸化炭素が生じる。尿素中の炭素-13（*印）は二酸化炭素へと転換され，呼気中に検知される

**図7　ウレアーゼによる尿素から，アンモニアおよび二酸化炭素への転換**

### 同位体と研究への応用

同位体を用いた，膨大な数の応用例があり，たくさんの方法論が科学研究者に利用可能である。よく利用される同位体には，炭素-14，ヨウ素-131，窒

素-15，酸素-17，リン-32，硫黄-35，トリチウム（水素-3），鉄-59，ナトリウム-24などがあり，さまざまな生体分子（脂質，糖質，タンパク質，核酸）を構成する原子として用いる．

標識し，追跡しうる化合物の数，種類はほとんど無限である．生体分子を放射能標識して，その分子の代謝を追跡し，代謝過程を明らかにし，さらに，酵素反応機構を解明する．同位体で標識した分子は分析するうえで，あるいは検知しやすい点などが特に有用である．たとえば，微量しか存在しない特定のタンパク質を検出する必要がある場合を考えよう．それを実行するにはそのタンパク質に対して特異的な抗体をつくり，利用する方法がある．そのとき，結合した抗体を（もっと正確にいうと，タンパク質-抗体の複合体を）どうやって特異的に検出すればよいかが問題になる．その答は，放射性同位体をまず抗体に結合させ，抗体がどこにあるかを放射性同位体を目印に検出する．放射能を比較的簡単に検出する方法はオートラジオグラフィーとよばれ，放射線のフィルムへの感光作用を利用する．

このように天然に存在する同位体を利用すると，岩石の年代や，動物・植物の残骸からそれらが生きていた年代を推定することができる．さらに人工作成した同位体を用いて，化合物を標識することで，環境中での化合物の動態，ヒトの体の中での化合物の代謝を追跡することが可能になる．医療用には，放射性同位体を用いて がん細胞にねらいをつけて殺したり，患部部位を特定することができる．また，放射性同位体を生体分子に結合して，それを分析・検出することもできる．

# 発　展

## 1・6　周期表

### 歴史的経緯

化学史の初期から，それまでに発見された元素を分類・整理して，どの元素とどの元素が似た性質をもつか検討され始められた．アントワーヌ・ラボワジェが化学元素というものを定義し，1789年に出版した著書，"化学原論"の中で，33種の元素を表に表して以来，元素を分類するために，さまざまな試みがなされてきた．天才，ドミトリ・イワノビッチ・メンデレーエフが現在用いら

れ，受け入れられている周期表を発見し，完結した．今日，定着している周期表は原子番号および原子核の周りにある電子のエネルギーをもとに構成されている．原子番号と電子エネルギーの二つの性質に基づくものはメンデレーエフの数十年後にできたものである．メンデレーエフは1869年，原子の質量および価電子数の比較から周期表をつくった．当時は65種の元素がわかっていた．これらの元素をメンデレーエフは表にまとめたが，表には，空欄が多数あった．空欄にうまく当てはまるような元素が存在し，その性質を予言するという大胆なステップをふんだ．さらに質量数で140のセリウムと181のタンタルの間の質量数の元素が欠けており，この周期の元素は発見されるはずであると推測した．その世紀の終わりまでには，メンデレーエフが予言した元素のほとんどは単離された．それにはランタノイド系列が含まれる．

| 西 暦 | 人物・事項 |
|---|---|
| 1789年 | アントワーヌ・ラボワジェが化学元素の定義をし，33種の元素を表にまとめた． |
| 1829年 | ヨハン・デベライナーが三つ組元素説を発表． |
| 1843年 | レオポルド・グメリンが高名な著書，"化学ハンドブック"を公表した． |
| 1858年 | スタニスラオ・カニッツアロは原子量を各元素に当てはめた． |
| 1862年 | ベギエ・ド・シャンクルトワは原子量を用いて周期性を明らかにした． |
| 1865年 | ジョン・ニューランズは周期表およびオクターブ則を公表した．ニューランズの仕事は政治的に揶揄され，1887年まで，認められなかった． |
| 1868年 | ジュリアス・ロタール・マイヤーは1864年周期表の原型のものを作成した．さらに改訂したものが1868年に作成されたが，公表されたのは本人の死後の1895年であった． |
| 1869年 | メンデレーエフが原子質量と価電子数に基づいた元素周期表を発表した．マイヤーの方がメンデレーエフより先に発見したと認められなかったのは，マイヤーの周期表の公表が遅れたことと，メンデレーエフの周期表の方が化学的根拠に合理性が高いことからであろう．メンデレーエフの周期表がしだいに広がっていった． |

### 現代の周期表

現代の周期表は最も完成度が高い．原子構造理論に基づいてできている．図8に示された周期表は原子に関するデータ（諸量）に基づいて，簡明にできている．各欄には一つの元素（元素記号で表す），同位体の相対原子質量と存在比の平均値（原子量），原子番号（陽子の数）が書かれている．元素は同じ**周期**のものは左から右へ原子番号の増える順番および相対原子質量の大きくなる

順番に並べられている．元素は 1 族から 18 族に分類され，同族のものは列の上から下へと並べられている．同じ**族**の元素は似た化学的性質をもつ．メンデレーエフは元素の原子番号が大きくなっていくと，元素のさまざまな性質が周期性をもっていることに気がついていた．沸点は原子番号が増えると大きくなるのではなく，ピーク（山）になったり，トラフ（谷）になったりする．同様にイオン化エネルギー（電子を電離させるのに必要なエネルギー）もそうである．元素が別の元素と結合するうえでの結合の数も原子番号によって異なる．原子番号が 3, 11, 19 の元素は他の原子一つだけと結合できる（1 族は**一価**であるといわれる）．原子番号が 5，13 の元素は三つの原子と結合しうる（13 族は**三価**である）．原子番号 2, 10, 18 などの元素は他の元素と結合しない，安定な**不活性ガス**，**希ガス**（あるいは**貴ガス**）である（18 族）．言い換えると，元素の性質は**周期性**をもつ．周期律とは，元素の性質が原子番号の周期関数であることを意味する．

原子番号 ——→ 6
元素記号 ——→ C
原 子 量 ——→ 12.01

金 属
遷移金属
メタロイド
非金属

| 周期＼族 | 1 | 2 | 3 | 4 | 5 | 6 | 7 | 8 | 9 | 10 | 11 | 12 | 13 | 14 | 15 | 16 | 17 | 18 |
|---|---|---|---|---|---|---|---|---|---|---|---|---|---|---|---|---|---|---|
| | 1<br>H<br>1.01 | | | | | | | | | | | | | | | | | 2<br>He<br>4.00 |
| | 3<br>Li<br>6.94 | 4<br>Be<br>9.01 | | | | | | | | | | | 5<br>B<br>10.81 | 6<br>C<br>12.01 | 7<br>N<br>14.01 | 8<br>O<br>16.00 | 9<br>F<br>19.00 | 10<br>Ne<br>20.18 |
| | 11<br>Na<br>22.99 | 12<br>Mg<br>24.31 | | | | | | | | | | | 13<br>Al<br>26.98 | 14<br>Si<br>28.09 | 15<br>P<br>30.97 | 16<br>S<br>32.07 | 17<br>Cl<br>35.45 | 18<br>Ar<br>39.95 |
| | 19<br>K<br>39.10 | 20<br>Ca<br>40.08 | 21<br>Sc<br>44.96 | 22<br>Ti<br>47.90 | 23<br>V<br>50.94 | 24<br>Cr<br>52.00 | 25<br>Mn<br>54.94 | 26<br>Fe<br>55.85 | 27<br>Co<br>58.93 | 28<br>Ni<br>58.70 | 29<br>Cu<br>63.55 | 30<br>Zn<br>65.41 | 31<br>Ga<br>69.72 | 32<br>Ge<br>72.64 | 33<br>As<br>74.92 | 34<br>Se<br>78.96 | 35<br>Br<br>79.90 | 36<br>Kr<br>83.80 |
| | 37<br>Rb<br>85.47 | 38<br>Sr<br>87.62 | 39<br>Y<br>88.91 | 40<br>Zr<br>91.22 | 41<br>Nb<br>92.91 | 42<br>Mo<br>95.94 | 43<br>Tc<br>97.91 | 44<br>Ru<br>101.07 | 45<br>Rh<br>102.91 | 46<br>Pd<br>106.42 | 47<br>Ag<br>107.87 | 48<br>Cd<br>112.41 | 49<br>In<br>114.82 | 50<br>Sn<br>118.71 | 51<br>Sb<br>121.76 | 52<br>Te<br>127.60 | 53<br>I<br>126.90 | 54<br>Xe<br>131.29 |
| | 55<br>Cs<br>132.91 | 56<br>Ba<br>137.33 | 57〜<br>71* | 72<br>Hf<br>178.49 | 73<br>Ta<br>180.95 | 74<br>W<br>183.84 | 75<br>Re<br>186.21 | 76<br>Os<br>190.23 | 77<br>Ir<br>192.22 | 78<br>Pt<br>195.08 | 79<br>Au<br>196.97 | 80<br>Hg<br>200.59 | 81<br>Ti<br>204.38 | 82<br>Pb<br>207.2 | 83<br>Bi<br>208.98 | 84<br>Po<br>208.98 | 85<br>At<br>209.99 | 86<br>Rn<br>222.02 |
| | 87<br>Fr<br>223.02 | 88<br>Ra<br>226.03 | 89〜<br>103† | 104<br>Rf<br>261.11 | 105<br>Db<br>262.11 | 106<br>Sg<br>266.12 | 107<br>Bh<br>264.12 | 108<br>Hs<br>277 | 109<br>Mt<br>268.14 | 110<br>Ds<br>271 | 111<br>Rg<br>272 | 112<br>Uub<br>285 | 113<br>Uut<br>285 | 114<br>Uuq<br>289 | 115<br>Uup<br>288 | 116<br>Uuh<br>293 | | 118<br>Uuo<br>294 |

| | | | | | | | | | | | | | | | |
|---|---|---|---|---|---|---|---|---|---|---|---|---|---|---|---|
| ＊ランタノイド系列 | 57<br>La<br>138.91 | 58<br>Ce<br>140.12 | 59<br>Pr<br>140.91 | 60<br>Nd<br>144.24 | 61<br>Pm<br>144.91 | 62<br>Sm<br>150.36 | 63<br>Eu<br>151.96 | 64<br>Gd<br>157.25 | 65<br>Tb<br>158.93 | 66<br>Dy<br>162.50 | 67<br>Ho<br>164.93 | 68<br>Er<br>167.26 | 69<br>Tm<br>168.93 | 70<br>Yb<br>173.04 | 71<br>Lu<br>174.97 |
| †アクチノイド系列 | 89<br>Ac<br>227.03 | 90<br>Th<br>232.04 | 91<br>Pa<br>231.04 | 92<br>U<br>238.03 | 93<br>Np<br>237.05 | 94<br>Pu<br>244.06 | 95<br>Am<br>243.06 | 96<br>Cm<br>247.07 | 97<br>Bk<br>247.07 | 98<br>Cf<br>251.08 | 99<br>Es<br>252.08 | 100<br>Fm<br>257.10 | 101<br>Md<br>258.10 | 102<br>No<br>259.10 | 103<br>Lr<br>262.11 |

図 8　現代の周期表

## 価電子とオクテット則

最外殻電子（**価電子**）エネルギー準位が完全に電子で埋まっている原子の方

が,完全には埋まっていない原子よりもはるかに安定である.ナトリウム（Na）の電子配置は $1s^22s^22p^63s^1$ である.ナトリウムが電子を一つ失って $Na^+$ になるとその電子配置は安定な元素ネオンと同じ $1s^22s^22p^6$ の電子配置になる.このようなイオン化が起こりうることはナトリウムのイオン化エネルギーが小さいことと呼応する.1族はどれもイオン化エネルギーが小さい.同様に塩素は $1s^22s^22p^63s^23p^5$ の電子配置をもつ.電子を一つ獲得すると安定な元素であるアルゴンの電子配置 $1s^22s^22p^63s^23p^6$ となる.したがって,$Cl^-$ は容易に生じる.原子番号の小さい元素のほとんどは,外殻すなわち価殻が完全に満たされるには全部で電子が八つ必要である.

このような関係を**オクテット則**という.

$$Na \longrightarrow Na^+ + e^-$$
$$1s^22s^22p^63s^1 \qquad\qquad 1s^22s^22p^6$$

$$Cl + e^- \longrightarrow Cl^-$$
$$1s^22s^22p^63s^23p^5 \qquad\qquad 1s^22s^22p^63s^23p^6$$

元素の性質には周期表に沿った**傾向**がある.周期表から元素の性質がどうなっているか予想することができる.元素の性質が周期表に沿って変わっていく傾向は元素の電子配置がどうなっているかで説明でき,また,理解できる.元素は電子を放出する,あるいは獲得することでオクテット則に合うようになる傾向がある.電子配置がオクテット（八つ）になったものは不活性ガスで,周期表の18族に当たる.各族に属する元素はどれも最外殻の電子数が同じ,すなわち,同じ**価電子数**をもつ.たとえば1族元素は比較的小さいエネルギーにより,一つの電子を放出し,イオン化する.それに対して,17族の元素から電子を放出させるのは困難である.17族元素はオクテットに近い状態にあり,最外殻が完成する一歩手前である.一つの電子を獲得しようとする傾向が強い.周期表では電子の数が一つずつ多くなって,左から右へと元素の種類は変わる.周期の左から右へいくほど,最外殻電子は強く原子核によって引き付けられ,原子核により近い部位に存在し,原子核に強く束縛される.さらに,同一の族（縦方向の列）では上から下へいくほど,引き付けは弱くなる.それは下へいくほど,最外殻の電子軌道エネルギーが高くなり,原子核の引力がしゃへい（遮蔽）されるからである.周期表の左から右へいくに従い,原子半径,イオン化エネルギー,電子親和力,電気陰性度が周期性を示すことと,これら

の傾向とは呼応している．

## 原子半径

二つの原子が隣り合わせに存在するとき，原子の中心間の距離の半分が原子半径である．原子半径は同じ周期では左から右へいくほど小さくなり，同族では上から下へいくほど大きくなる．同一の周期では同一エネルギー準位にある電子が左から右へ一つずれると，一つずつ増えていく．同一エネルギー準位にある電子は，原子核の引力をしゃへいすることはない．一方，原子番号が増える分だけ，原子核中の陽子も一つずつ増えるので，右にいくほど，原子核の実効引力は大きくなる．同族元素の場合，上から下へいくほど，電子数は増加し，エネルギー準位も高くなるが，価電子数は同じである．最外殻の電子はほぼ同じ実効電荷の引力を受けるが，内側の電子軌道（原子核に近い領域）は電子が満たされており，最外殻の電子は原子核から遠くに存在するので，原子半径は大きくなる．

## イオン化エネルギー

イオン化エネルギーあるいはイオン化ポテンシャルとは，気体状の原子あるいはイオンから，電子を放出させるに必要なエネルギーである．電子が原子核の近くにあればあるほど，電子は原子核により強く束縛されているので，電子を取除くのはますます困難になる．同一周期の右の方にいけばいくほど，イオン化エネルギーは大きくなり，原子半径は小さくなる．1族のイオン化エネルギーは低く，電子を一つ放出することで安定なオクテット（最外殻に八つの電子が存在する電子配置）になる．

## 電子親和力

電子親和力は電子を受取る能力を表す．原子核の実効電荷の大きい元素ほど電子親和力は大きくなる．17族，ハロゲンはその例で，電子親和力が大きい．ハロゲンに電子を一つ供与すると，オクテット構造が完成する．

## 電気陰性度

電気陰性度とは原子が電子を引き付ける度合いであり，化学結合している二つの原子の間にある電子の偏りと関係する．原子の電気陰性度が大きいほど，結合中の電子対はその原子に引き付けられる．電気陰性度はイオン化エネル

ギーに関係する．イオン化エネルギーの小さい元素は電気陰性度も小さい．原子核が電子を引き付ける力が弱いからである．同じ周期の場合，左から右へいくほど電気陰性度は大きくなる（イオン化エネルギーが大きくなる）．周期表の上から下へ降りていくと，原子番号も原子半径も大きくなり，イオン化エネルギーが小さくなり，電気陰性度は小さくなる．

## 生命体

　天然に存在する92種の元素のうち，25種が生命体にとって必須の元素である．炭素，水素，窒素，酸素の四つで，生命体の96％を構成している．生命体の残りの4％は大部分がリン，硫黄，カルシウム，カリウムおよび微量の元素により構成されている．生体物質の骨格構造は炭素のつながりからなり，それに水素，窒素，酸素が結合して，その分子に機能を与える．生体分子のなかにはリンと硫黄を重要な構成元素としているものもある．微量元素を必要とする生物もいるが，その量はほんのわずかである．鉄，マグネシウム，亜鉛のような微量元素は酵素などの触媒作用で，重要な働きをもつ場合がある．

# 2 結合，電子，分子

> **基本概念**
> 生体分子がどのような挙動をとるかを予想するうえで，共有結合の性質を理解することは必須の要件である．
> ここでは共有結合の形成と共有結合の種類について学習する．

　原子は互いに反応して分子を形成する．生命体は複雑で，きわめて大きな分子を生産することができる．これらの分子の安定性の起源は原子間に働いている力（**分子内力**）によって分子として保たれているからである．すなわち，強くて，安定な結合を形成している．このような結合には共有結合，配位結合，極性共有結合，イオン結合がある．

## 2・1 共有結合とは？

　二つの原子の間での共有結合とは，それぞれの原子からの電子からなる一対の電子を二つの原子の間でともに分かち合っている(共有している)状態になっていることをさす．水素原子の場合をとりあげる．水素原子は原子核に陽子を一つ，1s 軌道に電子を一つもっている．

　原子軌道の図（図9）を見ると，水素分子 $H_2$ では，二つの水素原子からの原子軌道 1s が互いに重なり合っている．重なり合っていると，どちらの水素原子にも，いつも二つの電子が存在しうる状態にあることになる．言い換えると，水素原子はどちらの原子もそれぞれ 1s 軌道が二つの電子で満たされている．結合している水素原子はどちらも同一であるので，二つの原子で等しく共有されていて，対称的な共有結合を形成していると考えることができる．原子軌道の頭同士が融合してできている共有結合を **σ 分子軌道**という．分子軌道の形成こそが共有結合の形成となる．

20   2. 結合，電子，分子

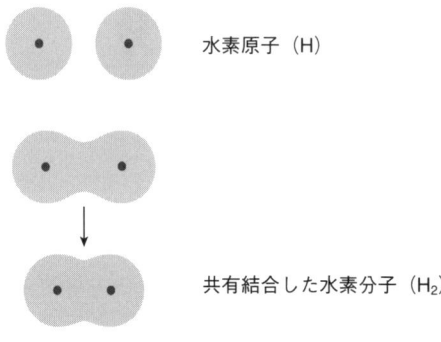

図 9　水素分子における共有結合形成

---

**問**

二つの電子でどうやって，二つの水素原子の1s軌道を満たすことができるのか．

軌道とはそこに電子を見いだす確率が高い空間領域のことをさし，電子は光の速度に近い速さで動いていることを思い出そう．だから，統計的にはいつも水素原子のどちらにも，二つの電子が存在しうるのである．

---

σ分子軌道は，p原子軌道同士が融合した場合にも同じように形成される（図10）．

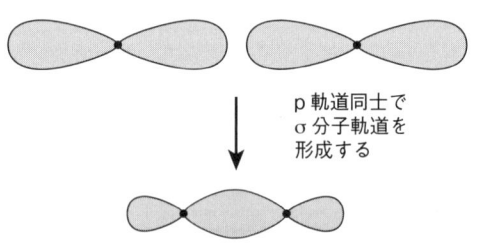

図 10　p軌道の間で形成されるσ分子軌道

### 問

なぜ原子は共有結合を形成するのか.

水素分子になっていると,各水素原子の 1s 軌道は二つの電子でいっぱいになるので,安定な状態を確保できる.すなわち,各水素原子の 1s 軌道が電子で満たされているといえる.窒素の場合はどうであろう.この場合は三つの 2p 軌道がどれも電子で満たされている(図 4 を見よ).原子の外殻エネルギー準位が電子で満たされているものは実際そうでないものに比べて安定である.共有結合により,電子を分かち合っていると原子の外殻エネルギー準位を満たすことができ,結果として大きな安定性を獲得する.軽い元素の場合は,外殻エネルギー準位を完全に満たすには八つの電子が必要である(2s 軌道に二つと,2p 軌道に六つ).

**発 展**
周期表
(p.13)

## 2・2 非結合電子: 孤立電子対

原子は結合により,価電子殻を電子対で完全に埋めるようにすると,安定になる.このことは原子の価電子殻に他の原子と結合していない電子対をもっている分子もたくさんあることを意味する.これらの非結合性の電子対のことを**孤立電子対**とよぶ.

### 要点メモ

共有結合により,原子は外殻エネルギー準位を電子で埋めることにより安定化する.

二つのフッ素原子が反応してフッ素分子ができるとき,どうなっているかを考えてみよう(図 11).フッ素原子の電子配置は $1s^2 2s^2 2p^5$ である.したがって,各フッ素原子は外殻に七つの電子をもつ.一つだけ電子の存在するフッ素原子の p 軌道が互いに重なり合うことで,σ 軌道ができる.このように 1 個ずつ電子を共有することで,フッ素原子の価電子殻は八つの電子で完全に満たされる.しかし,フッ素原子のうちの六つは結合にあずかっていない.これらは非結合性の電子対であり,孤立電子対とよばれる.孤立電子対は反応性および分子の形に影響を与える.

水分子では酸素原子上の二つの結合電子対と二つの非共有孤立電子対の合計

4対が正四面体の頂点の方向に向いている．この配置をとることで，中心の負電荷同士の斥力が最小になっている．孤立電子対は共有電子対より斥力が強いので，水素原子は押されて，正四面体の立体角 109° より狭くなっている．分子全体の形状は V 字形である（図 11）．

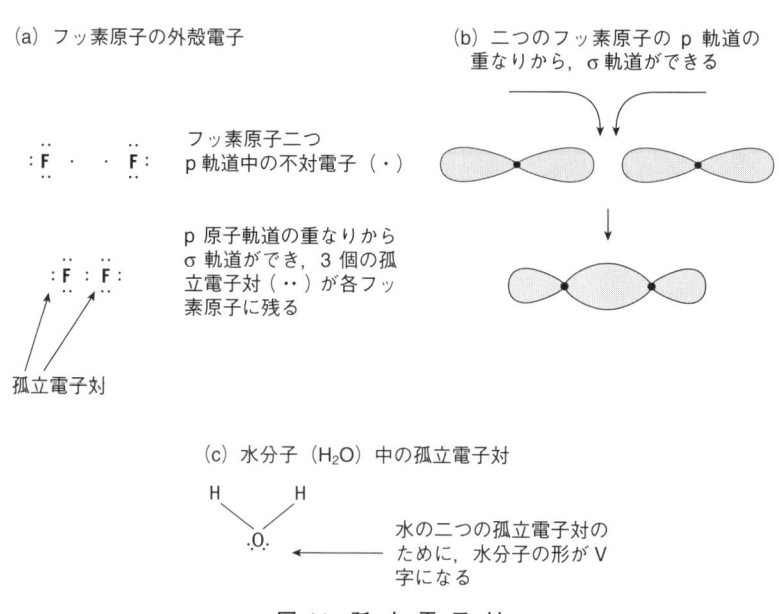

図 11 孤 立 電 子 対

## 2・3 π分子軌道

p 軌道にある電子はσ分子軌道を形成する以外に，側面（サイドバイサイド）で重なり合って，π分子軌道を形成する（図 12）．

π結合はσ結合の代わりにできるのではなく，σ結合があるときにさらに加えてできる結合である．二つの原子の間に，σ分子軌道とπ分子軌道の両方が存在すると二重結合となる．σ結合の周りの回転は完全に自由であるが，原子間に二重結合（σ結合一つとπ結合一つ）がある場合は，結合の周りの回転は制限される．

回転できる：結合の
周りは自由回転

単結合

回転できない：結合の周りの
回転は制限される

二重結合

π結合は生体分子，特にタンパク質分子，の形状（コンホメーション）に重大な影響を与える．

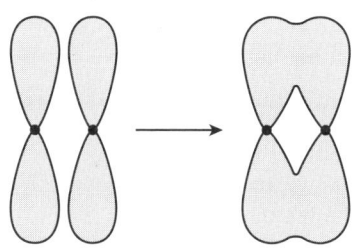

2p軌道が側面
同士で並ぶ

重なりからπ分子軌道が
形成される

図12 π分子軌道の形成

**要点メモ**

共有結合した二つの原子はσ結合の周りは自由に回転するが，π結合の周りは回転できない．

発展
ペプチド
結 合
(p.28)

## 2・4 配位結合

　共有結合は互いに出し合った電子対を共有することで形成される．二つの原子が結合しているのは，この電子対がどちらの原子核からも引力を受けているからである．単純な共有結合では各原子は電子を一つ出しているのであるが，そうでない場合もある．**配位結合**（**供与共有結合**ともよばれる）は1対の電子を二つの原子で共有する結合であるが，共有結合と違って，二つの電子が一つの原子からくる．簡略図ではこれを矢印で表す．矢印は電子を出す原子から電子をもらう原子の方向に向いている．図13ではアンモニア分子の窒素原子が

1対の電子を，1s軌道に電子をもっていない水素，すなわち，プロトンに供与している．アンモニウムイオン $NH_4^+$ では新しい配位結合が一つできている．アンモニウムイオンでは N–H の結合はすべて等価で，どこから電子対がきたかには関係がない．

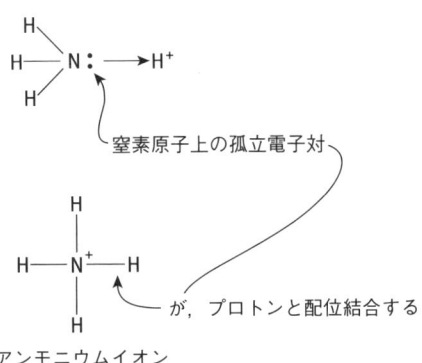

図 13　アンモニウムイオンにおける配位結合の形成

## 2・5　電気陰性度と共有結合の極性

同じ原子間に形成される共有結合では二つの原子の間に電子は等しく共有される．しかし，原子には他のものより強く電子を引っ張るものもある．結合中の電子を引っ張る強さのことを元素の**電気陰性度**という．電気陰性度とは原子サイズと，正に荷電した原子核を負に荷電した電子がどれだけしゃへいしているかとに依存した性質である．以下（図14）に示した周期表の一部にはいくつかの原子の相対的な電気陰性度が示されている．数値の大きいものほど電気陰性度が大きいことを意味する．

**発 展**
周期表
(p.13)

| H<br>2.2 | | | | | | |
|---|---|---|---|---|---|---|
| Li<br>1.0 | Be<br>1.5 | B<br>2.0 | C<br>2.5 | N<br>3.1 | O<br>3.5 | F<br>4.1 |
| Na<br>0.9 | Mg<br>1.2 | Al<br>1.5 | Si<br>1.7 | P<br>2.1 | S<br>2.4 | Cl<br>2.8 |
| K<br>0.8 | Ca<br>1.0 | Ga<br>1.8 | Ge<br>2.0 | As<br>2.2 | Se<br>2.5 | Br<br>2.7 |

図 14　周期表のいくつかの元素の電気陰性度の値

一般に周期表の右にある元素の方が左にある元素より電気陰性度は大きい．さらに，原子サイズが大きくなると（周期表で下の方にあればあるほど）電気陰性度は減少する（"発展：周期表"の節を参照）．生体分子中では酸素と窒素が特に重要である（分子の化学反応性の意味でも，また，会合体形成においても）．

> **要点メモ**
>
> 電気陰性度とは結合中の電子を原子に引き付ける強さを表す指標である．

## 2・6　電気陰性度は共有結合にどのような影響を与えるか

炭素と酸素の間の σ 結合はどちらの原子からも一つの電子が供与されてできている．酸素の方が炭素よりも電気陰性度が大きいので，結合電子を酸素原子の方へ引き付ける．その結果，結合の電子対は炭素よりも酸素に近いところに見いだす確率が高くなる．このように不均等に電子が分布する結果，共有結合に**極性**が生じる．

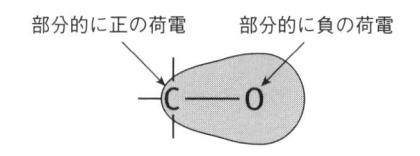

部分的に正の荷電　　部分的に負の荷電

C―O

電気陰性度の大きい酸素原子の方に電子密度が増加している

図 15　極性共有結合中での電子の不均等分布

> **要点メモ**
>
> 極性共有結合とは電子対の偏った分布からなる，ゆがんだ結合である．

不均等な電子の分布の結果，結合の片側は若干正の荷電をおび，反対側は若干負の荷電をおびる．すなわち，**双極子**が形成される．

> **要点メモ**
>
> 双極子は，電荷の割合は同じで，正，負の電荷が，一定距離（通常はほんの少しだけ）離れて存在することにより形成される．

極性共有結合は生体分子内では重要な働きがある．すなわち，生体分子の**官能基**（反応する基）のもととなる．これら官能基が分子間の化学反応性，水への溶解性，分子同士の**分子間力**に寄与する．

## 2・7 イオン結合

イオン結合の形成では，一方の原子から電子が完全に離れ，他方の原子へ電子が移り，一方が陽イオンに他方が陰イオンになったとき，両者の間に形成される結合である．電子は共有結合のように共有されるのではなく，一方の原子は電子を獲得し，他方の原子は電子を失う．たとえば，ナトリウム原子が3sエネルギー準位にある電子を塩素原子に一つ供与すると，塩素の方は，3pエネルギー準位が満たされることになるので，塩化ナトリウムが生じる．新しく生じた二つのイオンの間の結合（$Na^+ Cl^-$）はイオン結合である．

ナトリウムが3s原子軌道から電子を一つ失うと$n=2$のエネルギー準位の原子軌道は全部が合計八つの電子（$2s^2 + 2p^6 = 8$）により満たされた状態になるので，ナトリウムイオン$Na^+$は安定である．

$$Na \longrightarrow Na^+ + e^-$$
$$1s^2 2s^2 2p^6 3s^1 \qquad 1s^2 2s^2 2p^6$$

塩素が電子を一つ獲得すると，$n=3$のエネルギー準位の原子軌道で電子の入れるものは全部で8つの電子（$3s^2 + 3p^6 = 8$）により満たされた状態になるので，塩化物イオン$Cl^-$は安定である．

$$Cl + e^- \longrightarrow Cl^-$$
$$1s^2 2s^2 2p^6 3s^2 3p^5 \qquad 1s^2 2s^2 2p^6 3s^2 3p^6$$

共有結合形成の場合と同様，イオン結合の形成でも原子軌道が満たされた状態になることで，外殻エネルギー準位が安定化する．イオン結合では原子でなく，イオンになること，そして，電子を共有するのではなく，電子を受取ったり，放出したりすることで，安定な状態になる．

## 2・8 化学結合の概念

ここまで，共有結合，配位結合，極性共有結合，イオン結合を説明してきた．実際問題としては，分子中の原子間の結合は共有結合を一方の端に，もう一方の端にイオン結合をおいたとき，それらの両端の間のどこかにあると考えるこ

とができる．化学結合がどのような種類のものであるかは結合している二つの原子の電気陰性度の違いによる．電気陰性度の差が0から0.4の間では共有結合，電気陰性度の差が0.4から2.1では極性共有結合，電気陰性度の差が2.1より大きいときはイオン結合である（図16）．

←———— 電気陰性度の差が増加

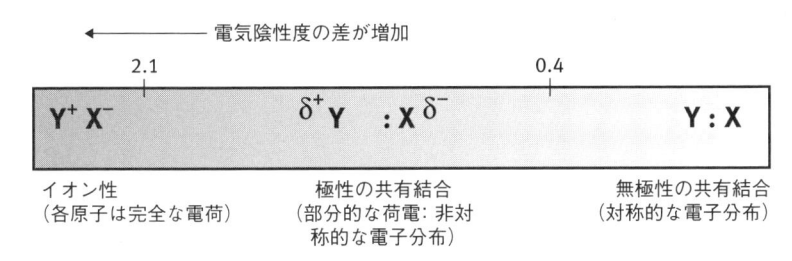

| 2.1 | | 0.4 |
|---|---|---|
| $Y^+ X^-$ | $\delta^+Y : X^{\delta^-}$ | $Y : X$ |
| イオン性<br>（各原子は完全な荷電） | 極性の共有結合<br>（部分的な荷電：非対称的な電子分布） | 無極性の共有結合<br>（対称的な電子分布） |

図16 原子間の結合の範囲

　分子中の原子間の結合力により，分子の構築は固有の安定性が与えられる．しかし，生体中では，重要な働きをする，さまざまな分子の間には，速くて，不安定な相互作用が起こっている．分子レベルの生命現象における分子の反応および分子認識では，これらの分子間の相互作用こそが重要な働きをしている．このことは3章で取扱う．

## 2・9　まとめ

1. 共有結合は二つの原子の間で通常互いに一つずつ電子を出し，1対の電子を両方で共有することで形成される．
2. 配位結合（供与共有結合）は結合中の電子は両方とも二つの原子の一方だけから供与されて，形成される．
3. 原子が結合しようとするのは外殻原子軌道を電子で満たそうとし，その結果がより安定な状態になることによる．
4. σ分子軌道は原子軌道の頭同士で，π分子軌道は原子軌道の側面同士で融合してできてくる．
5. 共有二重結合の周りの回転は制限されている（"発展：ペプチド結合"を参照）．
6. 電気陰性度は元素によって異なる．電気陰性度の異なる原子間での結合では極性が生じうる．

28　2. 結合，電子，分子

7. 極性共有結合は分子中の官能基のもとになる．
8. イオン結合は電子の獲得と放出により，イオンが外殻エネルギー準位を完全に満たした状態になることで安定化することによる．

## 2・10　自己診断テスト

解答は162ページ．
問2・1　原子軌道，分子軌道，共有結合の関係を説明せよ．
問2・2　σ分子軌道とπ分子軌道との違いを説明せよ．
問2・3　極性共有結合とはどんなものか．
問2・4　配位結合に特殊なことは何か．
問2・5　オクテット則とは何か．

# ▶ 発　展

## 2・11　ペプチド結合

タンパク質はアミノ酸からなる高分子である．多数のアミノ酸がペプチド結合でつながってできる．ペプチド結合は一つのアミノ酸のカルボキシ基と，隣のアミノ酸のアミノ基とが脱水縮合してできる（図17）．**縮合反応**とは反応に

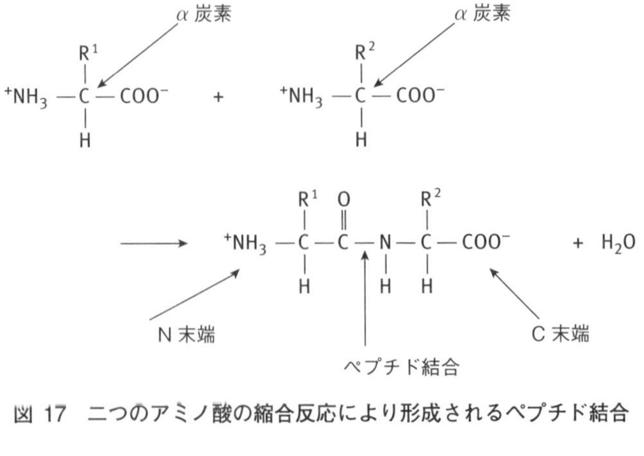

図17　二つのアミノ酸の縮合反応により形成されるペプチド結合

より水を失う化学反応である．

タンパク質中のアミノ酸の配列はタンパク質の一次構造とよばれる．ポリペプチド鎖構造の立体配座のゆらぎ，折りたたみにより，タンパク質の三次元構造が決まる．これがタンパク質の構造-活性の相関を決めるうえで重要な要件となる．タンパク質（protein）の名称は，古代ギリシャの海神 **Proteus**（この海神は変幻自在な姿をもつということだが）に由来する．つまり，名称は，タンパク質が多様な性質と機能をもつことと関係がありそうである．

これまでみてきたように，単結合（σ結合）の周りは自由回転であり，二重結合（σ結合＋π結合）の回転は制限がある．ペプチド結合は部分的に二重結合性をもつ特殊な結合であり，その周りの回転は制限されている．ペプチド結合のこの性質は，ポリペプチド鎖の立体配座を決めるうえで重要な影響を及ぼす．

### ペプチド結合の部分二重結合性

ペプチド結合の部分二重結合性（図18）は，窒素原子の電子配置とカルボニル基のπ結合とに由来する．

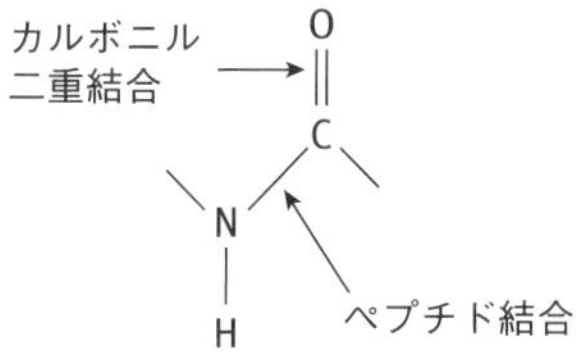

図 18　ペプチド結合

原子番号7の窒素原子の電子配置は　$1s^2 2s^2 2p^3$　である．

共有結合する前の原子の状態で，窒素原子の $n = 2$ の原子軌道は混成している（混成軌道については5・2節で説明する）．共有結合の数を最大限にするために，同じエネルギー準位の原子軌道を混成する．共有結合がよりたくさんつくることができれば，それだけ，原子は安定する．窒素原子の混成軌道にはいくつかの種類がある．ペプチド結合しているときは $sp^2$ 混成軌道である．2s軌道（s）と，三つのp軌道のうちの二つの2p軌道（$p^2$）とを混成した軌道である．これを"箱詰め電子"図（図19）を用いて表すことができる．

2s原子軌道のエネルギー準位を少し上げて，2p原子軌道に近づける．四つの軌道のうちの三つを混成して三つの $sp^2$ 混成軌道をつくり，2p原子軌道を

一つだけそのままの高さにしておく．

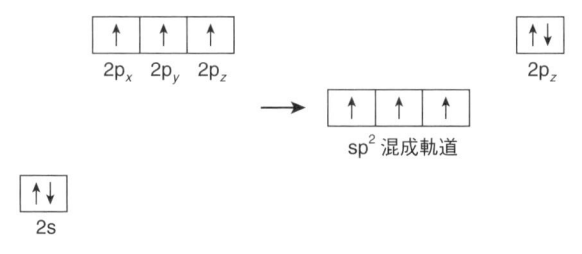

<br>

| 2p$_x$ 2p$_y$ 2p$_z$ | | 2p$_z$ |

図中：2s （↑↓）、2p$_x$ 2p$_y$ 2p$_z$ （↑ ↑ ↑） → sp$^2$ 混成軌道 （↑ ↑ ↑），2p$_z$ （↑↓）

**図 19　窒素原子での原子軌道の混成**

この結果，得られた原子軌道（図 20）のうち，三つの sp$^2$ 混成軌道はそれぞれ三つの σ 結合の形成に使用され，残りの p 軌道は紙面の上下に分布する（三つの σ 結合は同一平面上にある）．

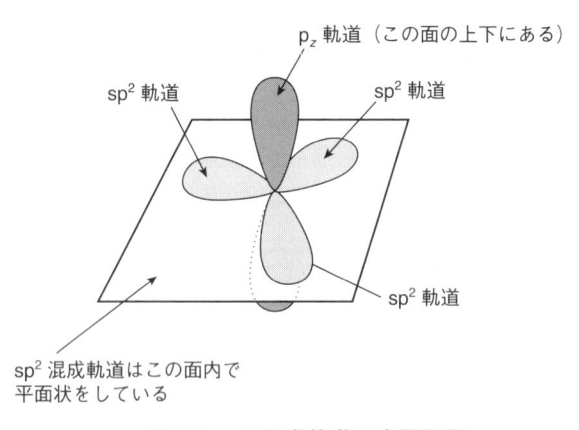

p$_z$ 軌道（この面の上下にある）
sp$^2$ 軌道
sp$^2$ 軌道
sp$^2$ 軌道
sp$^2$ 混成軌道はこの面内で平面状をしている

**図 20　sp$^2$ 混成軌道の空間配置**

図 21 ではペプチド結合中の p 軌道だけを表している．窒素原子上の p 軌道はカルボニル基の炭素原子と酸素原子との間の π 結合の近くに分布して相互作

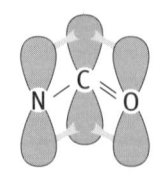

**図 21　ペプチド結合の p 軌道**

用する．窒素の p 軌道も側面同士で重なり，π結合軌道を形成する．

p 原子軌道の電子はπ軌道へと動くことができる（非局在化という）ようになる．実際，ペプチド結合は次の図 22 に示す共鳴構造で表される．

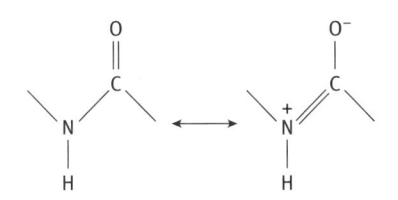

図 22　ペプチド結合は共鳴構造をしている

このようにペプチド結合は部分的二重結合をしている．p 軌道の電子は窒素原子と炭素原子の間で，約 40％π結合状態にあり，結合の周りの回転に影響を与える．

ペプチド結合のもつ重要な性質とその影響は次のようにまとめられる．

- ペプチド結合部位が硬いので，ポリペプチド鎖の折りたたみ自由度を減らす．
- 二重結合性をおびているので，関与する六つの原子は同じ平面上に存在する（図 23）．

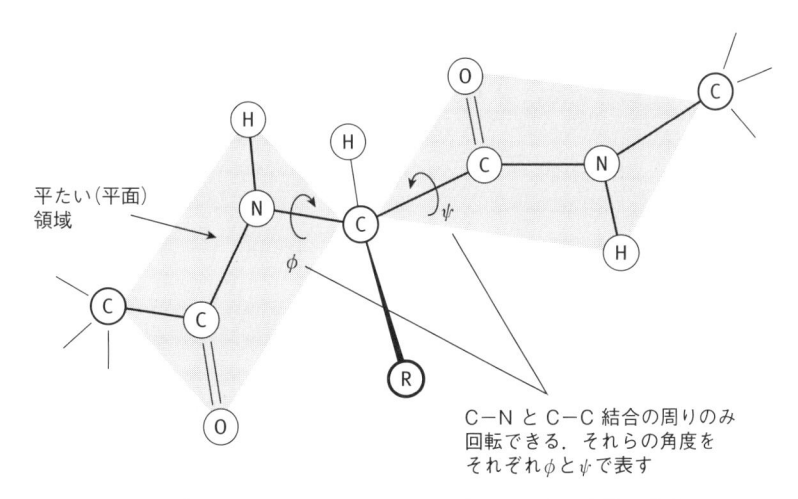

図 23　ペプチド結合の周りの原子は平面内に位置する立体配座をとる

- したがって，C−N 結合の周りの回転角 $\phi$ および C−C 結合の周りの回転角

$\psi$ がポリペプチド鎖の立体配座を決める．もしもすべての $\phi$ および $\psi$ が同じ値をとるとペプチドは繰返し構造をとる．ある組合わせの角度では $\alpha$ ヘリックスあるいは $\beta$ シート構造のようならせん構造をとる（図 24）．

図 24 タンパク質によくみられる立体配座に $\alpha$ ヘリックスと $\beta$ シートがある

**もう一歩発展**

- ペプチド結合の立体配置はほとんどの場合**トランス**である．すなわち，二つの $C^\alpha$ 炭素は C−N 結合に対して**反対側**に存在する（図 25）．これにより，$\alpha$ 炭素に結合している側鎖が立体障害し合うのを避けることができる（トランス体は一つの異性体である，詳しくは 6・3 節を参照）．

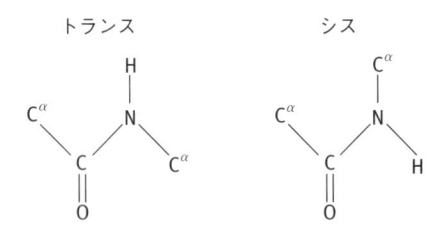

図 25 ペプチド結合についてのシスとトランス立体配置

- 窒素の電子供与により共鳴があることは，カルボニル基の求電子性（電子を求める性質）をやわらげている．その結果，アミド基の反応性を比較的低くしている．そうでないと，タンパク質は生体内で反応性が高くなりすぎて，その役割に支障をきたす．だから，よいことである．

第二級アミンからなるプロリンは他のアミノ酸がすべて第一級アミンであるので，アミノ酸として異色である．すなわち，アミノ基が環内にあるので，自由度がきわめて制限されている（図 26）．

プロリンも他のアミノ酸とペプチド結合を形成するが，プロリンは環状構造をしている．ペプチド結合の部分的な二重結合性のため，シスかトランスのど

ちらかの立体配置にある．したがって，プロリンがポリペプチド鎖に取込まれると（図27），ペプチド結合の周りの回転と N−C 結合（この結合は環状構造

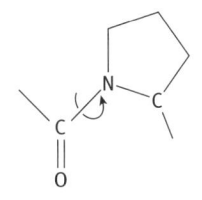

**図 26** プロリンのペプチド結合の周りの回転．シスとトランスに伴い N−C 結合も制限される

の一部となっている）の回転の両方が欠如していることにより，シス（ペプチド結合の同じ側に $C^\alpha$ 炭素が存在する）の立体配置をしたプロリンが存在すると，ポリペプチド鎖にキンク（急な曲がり）ができる．ポリペプチド鎖中にプロリンが存在すると α ヘリックス，β シート構造などの立体配座をとれなくなる．プロリン残基は β ベンド（訳注: β ベンドは β ターンともよばれ，急な折返し構造をつくる）を構成していることはしばしばみられる．

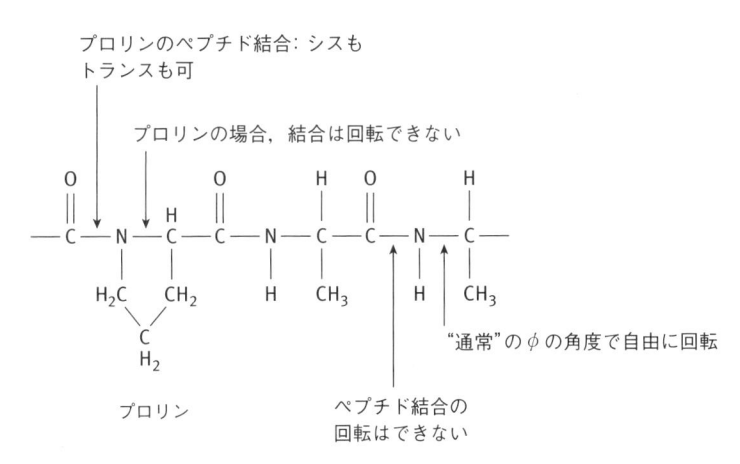

**図 27** ポリペプチド中のペプチド結合

このように，タンパク質の一次構造レベルでのペプチド結合の特別な性質から，ポリペプチド鎖の高次構造の形成に制限が加わることが明らかになったであろう．

# 3 分子間相互作用

> **基本概念**
>
> 共有結合は分子の構造を形成・維持する強力な接着剤である．共有結合は強くて安定であり，壊すには相当のエネルギーを要する．これに対し，分子間の相互作用は弱く，水の中で迅速に，可逆的に，結合したり，解離したりする．一つの分子間相互作用は弱いが，いくつかまとまると強くなる．生体内で生じている現象を理解するうえできわめて重要である．

生物にみられる現象はどれも分子間相互作用を含んでいる．分子が何か作用するときは相互作用（結合）し，それから解離する．酵素が基質に結合するときも，ホルモンが膜上にあるその受容体に結合するときも，また DNA 上で RNA が転写されてくるときも，短時間，精確な向きで結合する必要がある．このように分子が互いを認知する事象は分子間相互作用を介して初めて可能となる．

> **要点メモ**
>
> 分子間相互作用は一つ一つは弱いが，いくつかまとまると強くなる．

分子間相互作用をおおざっぱに分類すると，**静電的な相互作用**と**疎水性の相互作用**に分けられる．静電的な相互作用には水素結合，電荷−電荷相互作用と近距離相互作用（ファンデルワールス力）が含まれる．

## 3・1 水素結合

水素結合は重要で，比較的強い分子間相互作用である．水分子間の水素結合は誰でも知っている代表例である（図28）．

水分子内では酸素原子は電気陰性度が大きく，電子を自分の方に引っ張るため，二つの水素原子は多少正荷電をおびた状態になる．O−H 結合は双極子モーメントが大きい．酸素原子には 2 対の**孤立電子対**があるうえ，水素原子は共有

している電子対を酸素原子側に引っ張られている．水素結合は水分子中の酸素原子の1対の孤立電子対が隣りの水分子中の多少正に荷電した状態の水素原子の間でできる．水分子同士はこのように水素結合によって分子間相互作用をし

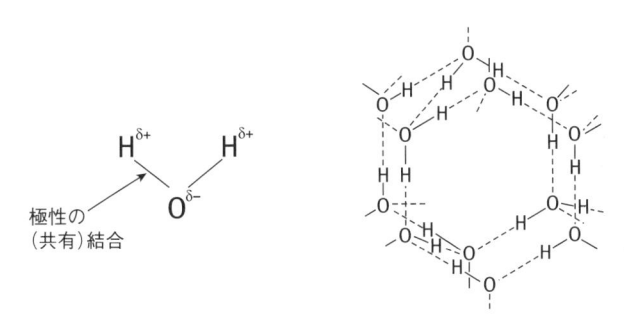

氷では，格子状の水素結合が形成されている

**図 28　水と氷の水素結合**

ている．液体の水ではこのような水素結合が形成されたり，壊れたりが迅速になされ，氷では格子構造が形成される．水のこの性質こそが生命の溶媒としての特異な性質をもたらしている．

生体分子中には電気陰性度の大きい元素を含む分子の種類は多数にのぼる．

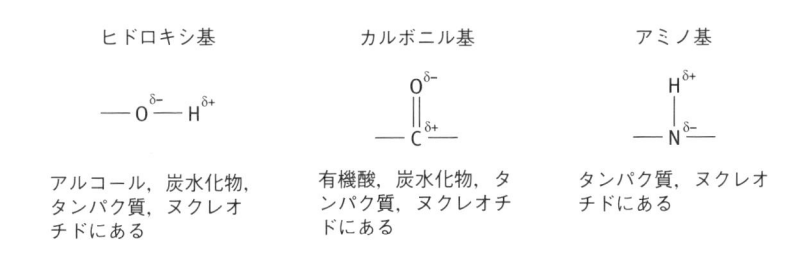

ヒドロキシ基　　　　カルボニル基　　　　アミノ基

アルコール，炭水化物，タンパク質，ヌクレオチドにある

有機酸，炭水化物，タンパク質，ヌクレオチドにある

タンパク質，ヌクレオチドにある

(訳注: アミノ基はプロテオグリカン中のグリコサミノグリカン，キチンなど多糖にもある)

水素結合は，電気陰性度の大きい元素（酸素，窒素，フッ素）の原子に結合した水素原子（供与体）と別の電気陰性度が大きい元素の原子（O, N, F）

の孤立電子対（受容体）との間に形成される．

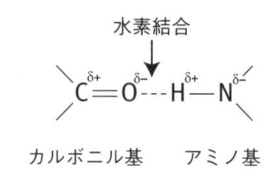

$$\diagdown_{C}=\overset{\delta+}{O}\cdots\overset{\delta-}{\underset{\text{水素結合}}{\underbrace{\phantom{xx}}}}\overset{\delta+}{H}-\overset{\delta-}{N}\diagdown$$

カルボニル基　　アミノ基

> **要点メモ**
>
> 水素結合は，電気陰性度の大きい原子（O，N，F）に結合した水素と，もう一つ別の電気陰性度の大きい原子の孤立電子対の間に形成される．

　水素結合は生体分子ではきわめて重要である．水素結合は電荷−電荷の相互作用による単純な分子間相互作用にみえるかもしれないが，それ以外に特別な性質をもつ．水素結合の分子間相互作用の特徴の一つは原子間の距離が 2.8 Å の直線上にあることである（1 Å は $1 \times 10^{-10}$ m，原子のサイズにあたる長さ）．たとえばカルボニル基とアミノ基の間には，酸素原子と窒素原子をつないだ直線上に水素原子がある．言い換えると，水素結合は一定の方向性がある．また，水素結合は他の分子間力に比べて強い．水素結合をしていると，分子間の距離や方向性が限定されている，という性質は生物学では重要なことである．水素結合は，タンパク質の高次構造の形成および DNA の二重らせん構造の形成においてはきわめて重要な働きをしている．

> **要点メモ**
>
> 水素結合には最適の距離および方向がある．

　DNA 上ではプリン塩基とピリミジン塩基が互いに向き合って水素結合し，平面状になっているうえ，2本の鎖の間の距離は一定になっている．もっと厳密にいうと，水素結合はチミンはアデニンとだけ，シトシンはグアニンとだけの間に存在する（図29）．
　つまり，私たちの遺伝暗号は水素結合によって成り立っている．

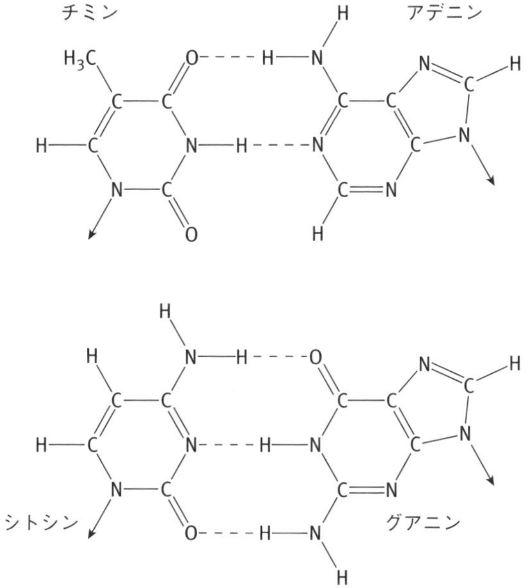

図 29　DNA 塩基間の水素結合

## 3・2　電荷-電荷相互作用

　電荷-電荷相互作用は本質的には静電的なものである（水素結合もそうである）が，水素結合と異なり，相互作用の間隔は固定していないし，相互作用の方向性もそれほど重要でない．分子中の原子団あるいは原子が電気陰性度の違いから荷電をもつとき，酸あるいは塩基をもつとき，さらには原子が孤立電子対をもつときは電荷-電荷の相互作用に関係しうる．電荷-電荷相互作用は引力となることもあれば（電荷が反対符号のとき），斥力となることもある（電荷が同じ符号のとき）．生体分子間の相互作用ではどちらも重要である．

　生理的な pH で電荷をもつ基としては，タンパク質中にみられるものとして，カルボキシ基（負に荷電）とアミノ基（正に荷電）がある．酸性や塩基性の基の荷電状態は当然溶媒の pH に依存している．低 pH（酸，$H^+$ 濃度の高いとき）ではプロトン化が起こる．たとえば，アミノ基 $NH_2$ は $NH_3^+$ として存在する．pH の高いところ（よりアルカリ性のところ）では基の解離が進む．たとえば，カルボキシ基 COOH は $COO^-$ になる．

　タンパク質はアミノ酸がペプチド結合によりつながったポリペプチドである

(図30)．ポリペプチド鎖中のアミノ酸のR基（側鎖，図30では$R^1$や$R^2$で表してある）にはしばしばアミノ基（$-NH_2$）あるいはカルボキシ基（$-COOH$）がある．このうち，カルボキシ基は生理的なpHではプロトン$H^+$を失い，負の荷電をした$COO^-$になっている．アミノ基は生理的pHではプロトンと結合して，正に荷電した$NH_3^+$になっている．したがって，生体内に存在するタンパク質にはたくさんの電荷が存在し，電荷-電荷相互作用が，タンパク質分子間はもちろんのこと，タンパク質分子内でも現れる．

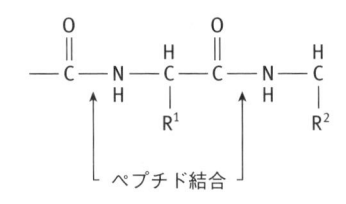

図30　ポリペプチド鎖の側鎖

> **要点メモ**
> 電荷-電荷相互作用は溶媒のpHに依存する．

## 3・3　近距離の電荷-電荷相互作用

分子間距離が非常に近い場合にはさらに別の電荷-電荷相互作用が起こる．これを**ファンデルワールス力**という．ファンデルワールス力は大変弱い引力（あるいは斥力）で，非常に近接した原子同士，分子同士でみられる力である．原子間の共有結合の二つの電子は長時間の平均では両方の原子に均等に分布する．しかし，電子は静止していない．二つの電子が両方とも一方の原子近くにみつけられる状態が短時間ではありうる．そのとき，一方の原子は負に，もう一方の原子は正に荷電した状態になっているので，**瞬間的に双極子**が生じる（水分子中の電荷の偏りは**永久双極子**とよばれる）．またあるいは，もし，正に荷電したアミノ基が共有結合に近づくと電子対を一方に引っ張るので，双極子が**誘起**される．分子の中で，電子がこのようにたえず動き回り，分布がゆらいでいるので，大変複雑な相互作用となる．

> **要点メモ**
> 分子内ではたえず双極子が生まれたり消えたりしている．

## 3・4 疎水性相互作用

疎水性（文字通り水を疎んじる）相互作用は，これまで述べてきた相互作用と違って，電荷−電荷相互作用とは関係がない．また，疎水性基間には引力も斥力も働かない．疎水性相互作用の起源は水の挙動にある．**無極性**あるいは疎水性の物質は水に溶けないし，水と相互作用しない．**親水性**（水を好む）物質あるいは**極性**の物質は水に溶けるし，水と相互作用する．これまでみてきた**官能基**のうち，カルボキシ基（−COOH），アミノ基（−NH$_2$），ヒドロキシ基（−OH）はどれも極性基である．これらはどれも電気陰性度の大きい原子をもち，双極子であり，電荷が不均等の分布をしている．水は極性分子である．だから，他の極性基と静電的な相互作用をする．極性基をもつ分子は総じて水に**可溶**である．

それに対して，無極性（疎水性）基は電気陰性度の大きい原子をもたない．たとえば，無極性のメチル基（−CH$_3$）は炭素が三つの水素と共有結合をしている．炭素の電気陰性度は水素のそれと似ているので，電子の分布が不均等になる傾向はほとんどない（双極子にはならない）．メチル基はその意味では"中性"である．中性基は水と電荷−電荷の相互作用が可能でないので，相互作用しない．溶媒としての水は，このような無極性基を排除するように応答する．無極性基は互いに引力も斥力も及ぼさないが，溶媒水の作用から，集まってしまう．

> **要点メモ**
>
> 無極性（疎水性）基は水と相互作用しない．構成原子の電気陰性度はだいたい等しいので，中性である．

疎水性効果は生体内では大変重要である．生体膜は疎水性の障壁を構成し，細胞あるいは細胞小器官の隔壁となる．タンパク質分子は折りたたまれ，特異的な三次元構造をとるのだが，それには疎水性基が水から排除されるという力が働くからである．タンパク質中の疎水性基はタンパク質の内部に埋もれていて，そこには水はない．

> **要点メモ**
>
> 生体分子はどれも短時間の間，可逆的に相互作用（結合）することで，反応，応答を行う．このような現象が起こるのは分子間の相互作用を介しているからである．

**発 展**
水への
溶解度
(p.41)

## 3・5 まとめ

1. 分子間の相互作用は共有結合に比較すると弱いが，いくつかが集まると強くなる．このような分子間相互作用が生体分子の分子認識，結合の基盤となる．
2. 水素結合は比較的強い方の分子間相互作用である．水素結合は電気陰性度の大きい原子（酸素，窒素，フッ素）が別の電気陰性度の大きい原子に共有結合した水素原子に近づくと形成されうる．水素結合では原子間の距離および原子の並ぶ方向が重要である．
3. 電荷-電荷相互作用（引力あるいは斥力）は正味で電荷をもつ基の間に生じる．電荷-電荷相互作用は分子同士が非常に近接した距離に存在する場合は瞬間的に誘起された双極子，あるいは永久双極子によって起こる．
4. 疎水性あるいは無極性の相互作用は極性のない基（電荷の不均等な分布のない）の間で生じるもので，水と相互作用できない．疎水基は水に溶けず，水から排除される．

## 3・6 自己診断テスト

解答は162ページ．

問3・1 (a) 電気陰性度の大きい原子がもう一つの電気陰性度の大きい原子に共有結合した水素原子に近づくとき，生じうる分子間相互作用はどのようなものか．
(b) このような分子間相互作用に関与する官能基のうち，生体内で普通みられるものを三つあげなさい．

問3・2 水素結合が他の電荷-電荷相互作用と区別される性質を3点あげなさい．

問3・3 分子間力と分子内力（共有結合）とが区別されるのは何が異なるためか．

問3・4 分子中の誘起双極子（瞬間的に存在する双極子）はどのような分子間力で重要となるか．

問3・5 次のうち，どれが疎水性と考えられるか．
(a) $-CH_2OH$　　(b) $-SH$　　(c) $-CH_2CH_3$　　(d) $-CH_2NH_2$
(e) ベンゼン　　(f) フェノール

## ▶ 発　展

### 3・7　水への溶解度

　これまでみてきたように，原子および分子はさまざまな種類の分子間力（水素結合，電荷−電荷相互作用，ファンデルワールス力など）によって結合している．このような分子間力は溶解度にも関係する．というのは溶解度に関係するのは，溶媒−溶媒，溶質−溶質，溶媒−溶質の各相互作用の大小であるから．

　水は極性分子である．これまでみてきたように，電気陰性度の大きい酸素原子が水分子の電荷分布の偏りを誘起する（双極子）．このため，水分子同士で水素結合ができる．すなわち，水は非常に秩序だった構造をしている．

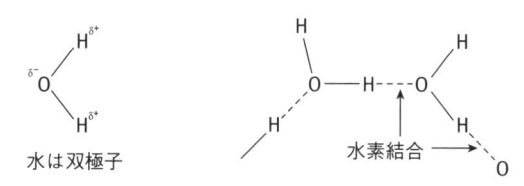

水は双極子　　　　　　　水素結合 →

　物質が水に溶けるためには，水の秩序構造に空隙をつくって，その物質を入れる必要がある．

　もし，ある物質が水と相互作用するとき，水素結合したり，あるいは電荷−電荷相互作用したりできる場合は，水の中に入り込める（極性分子であるから）ので，結果として溶ける．極性物質の定義とは水と相互作用するものであるともいえる．極性分子はしばしば親水性，すなわち，水と相性がよいものである

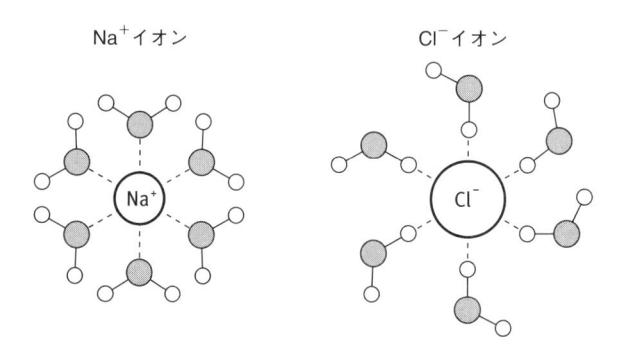

図 31　水溶液中では水分子がイオンを囲む

ことを意味する．

小さく，荷電した $Na^+$ と $Cl^-$ からなる塩のような簡単な物質は，容易に水の構造中へ取込まれる．水分子は電荷-電荷相互作用を介してイオンを囲み，相互作用する（図31）．水溶液中では，イオンはその周囲に直接結合した一次水和球と，その外側に配向した水の層からなる二次水和球に囲まれたケージ（かご）すなわち水和球を形成する（図32）．

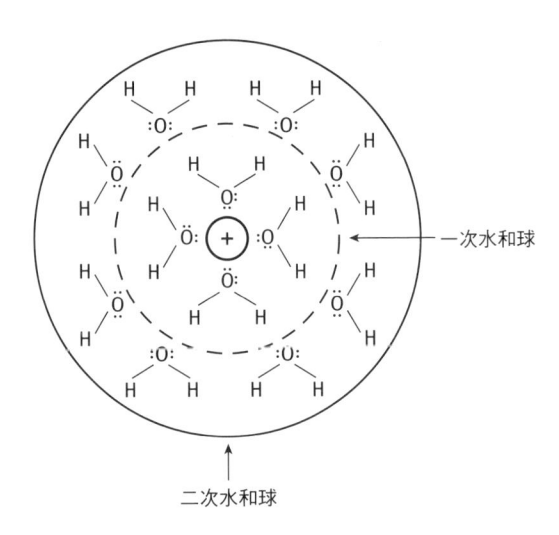

**図 32　イオンの水和球：直接結合した一次水和球とその外側の二次水和球**

極性基をもつ，もっと大きな分子では，状況はもう少し複雑であるが，原理は同じである．生体分子はさまざまな極性官能基をもちうるが，それらはどれも水への溶解性を付与する．ヒドロキシ基（-OH），カルボキシ基（-COOH），カルボニル基（-C=O），アルデヒド基（ホルミル基）（-CHO），スルフヒドリル基（-SH）およびアミノ基（-NH$_2$）はどれも電気陰性度の大きい原子を含み，生理的な条件下では荷電している．通則として，分子に極性基が多ければ多いだけ，その分子の溶解度はそれだけ高くなる．

生体分子上のヒドロキシ基（-OH）は水素結合を形成できるので，溶解度を高めるうえで特に重要である（図33では水素結合は破線で示してある）．

通則として，極性が多数あればあるほど（そして，分子サイズは小さければ小さいだけ），水への溶解度はそれだけ高くなる．多くのヒドロキシ基をもつグルコースやフルクトースのような単糖は，水によく溶ける．

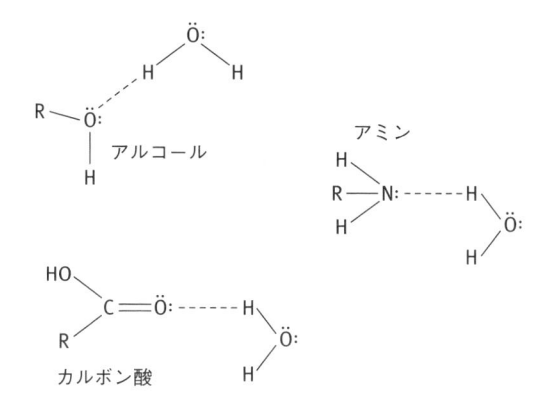

図 33 ヒドロキシ基は水素結合をつくりやすい

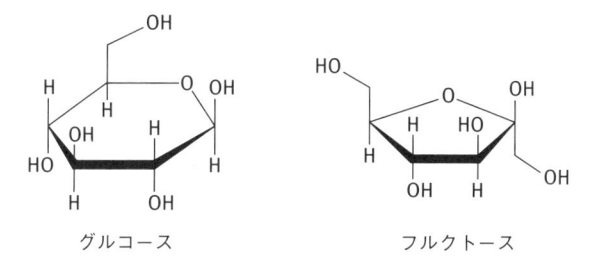

グルコース　　　　　フルクトース

> **問**
>
> 下の表中の分子のうち，どれが最も極性が大であるか．

| A | $CH_3\text{-}CH_2\text{-}OH$ |
|---|---|
| B | $CH_3\text{-}CH_2\text{-}CH_2\text{-}CH_2\text{-}OH$ |
| C | $CH_3\text{-}CH_2\text{-}CH_2\text{-}CH_2\text{-}CH_2\text{-}CH_2\text{-}OH$ |
| D | $CH_3\text{-}CH_2\text{-}CH_2\text{-}CH_2\text{-}CH_2\text{-}CH_2\text{-}CH_2\text{-}CH_2\text{-}CH_2\text{-}OH$ |

**解答** A が最も極性が大きい．これはヒドロキシ基があり，分子が小さい．水への溶解度は A から D へと減少する．メチル基（$-CH_3$）もメチレン基（$-CH_2$）もともに無極性である．これらは疎水性で，水を忌避する基である．これらには極性はなく，水と水素結合することもないし，双極子でもないので，電荷-電荷相互作用をしない．

## 3. 分子間相互作用

　生体分子の主要なものに，脂質がある．これには脂肪，油，ワックス（ろう）が含まれる．脂質のおもな構成成分は脂肪酸である．脂肪酸は無極性の長鎖の炭化水素からなり，一端に極性（カルボキシ）基がある．この分子は両親媒性ともいわれる；両端に極性基と無極性基をもつからである（図34）．

図34　両親媒性の脂肪酸分子

　脂肪酸はグリセロールおよびリン酸と結合してリン脂質を形成する．リン脂質は生体膜の主要構成成分である．極度に極性のリン酸基はこの分子を強い両親媒性物質にしている（図35）．

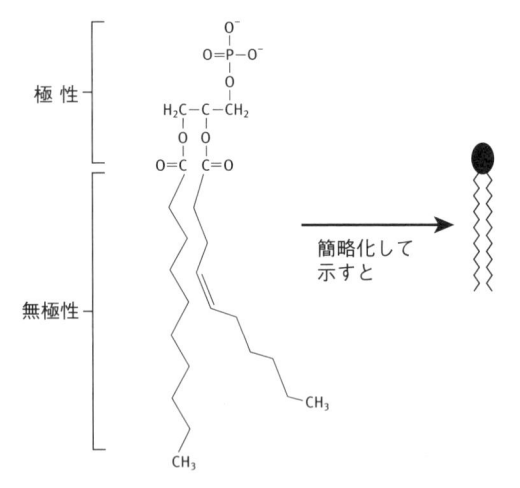

図35　両親媒性のリン脂質が，生体膜の主要構成成分である

　水中では，これらのリン脂質は自己会合して二重層を形成する．この二重層が生体膜の基本的な構造である（図36）．極性の頭の基は水の方を向いて相互作用しているが，一方，無極性の疎水性の脂肪酸の尾の部分は疎水性の環境を形成し，水（および他の極性分子）が排除される．

ステロイド分子であるコレステロール（図36）は細胞の外側の膜（細胞膜のこと）によくみられる成分の一つである．この分子が両親媒性であるという性質はヒドロキシ基をもつことから理解できる．ヒドロキシ基の端っこをうま

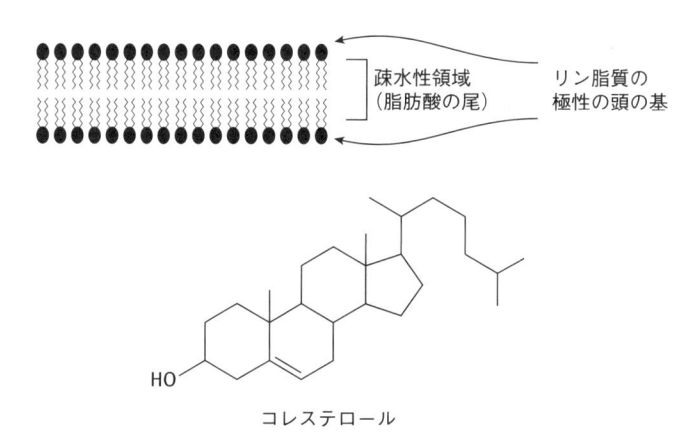

図 36　生体膜の基本構造はリン脂質二重層である

く表面の水と接触する部位に配向する．一方，疎水性の縮合環構造と尾の部分により，この分子は細胞膜中の疎水性の内部にしっかり固定される．

　生体の重量の60％以上は水であるが，生体中には，生体膜ネットワークがあまねく，張りめぐらされている．つきつめると，われわれの体は真反対の環境下にある．つまり極性の水の環境と無極性の膜環境である．分子が体の中を動き回るには，この二つの極端な環境を横断する必要がある．分子のその極性に応じて，異なる二つの環境に分配されている．このことは薬の体内分布，薬理作用に対し，重大な結果をもたらす．薬理学という学問は薬剤の体内での吸収，代謝，分布，活性を扱う．

　1847年には，すでに，ある物質の疎水性が大きければ大きいだけ，透過性がそれだけより高くなるとの観察結果があった．言い換えると，疎水性は体への吸収されやすさと関係する．このような初期の観察結果は今日でもそのまま有効である．しかしながら，すべての親水性分子およびたいていの疎水性の分子が生体膜を横断して移動するには，特異的な運搬体（輸送体）が必要であるらしい．哺乳類のゲノムでは，このような輸送体に対する遺伝子の数はおそらく1000を超える．

# 4 分子の数の表し方

> **基本概念**
>
> 原子が結合して，分子を構成する．分子同士が結合すると，さらに大きい分子を構成したり，新しい別の分子ができたりする．分子の形状やサイズにはさまざまなものがある．分子の種類ごとに，それぞれがいくつあるかを示すうえで，簡単な方法を用いることができるようになることが必須となる．たとえば，ある溶液をつくる際に，それぞれの化合物の割合を特定した，一定の濃度でつくる必要があるかもしれない．あるいは酵素の活性を，一定時間で何分子の基質を変換させるかで表す必要があるかもしれない．溶液中の分子濃度はモルを用いて比較することができる．このことは生物のどんな分野でも絶対に知っておく必要がある．

## 4・1 モ ル：物質量の単位

　生物学者としては，分子間の相互作用に興味がある．そこで，溶液中の物質の分子の数を比較できるような系統的な方法が必要となる．この方法では**モル**を用いる．モルとは分子の一定の数のことをいう．この方法は次のようになる．

- 第一に，標準が必要である．われわれが用いている標準は，6個の陽子と6個の中性子からなる炭素の安定同位体，炭素-12原子 $^{12}_{6}C$ である．元素の原子質量を原子質量単位（amu）で表すという便法が採用されている．これによると炭素-12は精確に 12.0 amu に等しいとして定義される．したがって，1 amu とは炭素-12原子の質量の 12 分の 1 に等しい．1 amu = $1.661 \times 10^{-24}$ g
- どの元素の原子も質量数に応じた質量をもつ．それは炭素-12原子の質量の12分の1に対する相対質量である．このことを相対原子質量（RAM）という．周期表中の元素には原子量が与えられている．原子量は，元素を構成する同位体の相対質量と存在比から求めた，原子の相対質量の平均値である．
- amu は非常に小さい値なので，相対原子質量をグラムの単位で表現する方が便利である．そこで，炭素-12 の 12 g を 1 モルに等しいとする量を定義

する.

- 炭素-12原子12g, すなわち1モルには, 炭素-12原子が $6.022 \times 10^{23}$ 個含まれる.
- 1モルあるいはどのような物質でも原子質量をグラムで表した量に等しい量には, その物質の原子が $6.022 \times 10^{23}$ 個が含まれる.
- $6.022 \times 10^{23}$ という数字は, アボガドロ数あるいはアボガドロ定数として知られている.

> ある物質の1モルの量とはその物質の化学式量をグラムで表した量に等しい量で, それにはアボガドロ数, $6.022 \times 10^{23}$ 個の原子, 分子, あるいはイオンが含まれている.

この定義から化合物の1モルには炭素-12が12gの中の原子数と同じ数の化合物がある. 炭素12gは1モルに等しく, それには炭素原子が $6.022 \times 10^{23}$ 個含まれる.

水分子 ($H_2O$) の質量は18 amu (1個の酸素=16 amu + 2個の水素=2 amu). したがって, 18gの水は1モルで, これには水分子が $6.022 \times 10^{23}$ 個含まれる.

グルコース ($C_6H_{12}O_6$) は分子量180 (グルコース分子中のすべての原子の原子量を足し算することで得られる). だから, グルコース180gは1モルである (グルコース分子を $6.022 \times 10^{23}$ 個含む).

塩化ナトリウムNaClの1化学式量は58.45 amuの質量をもつ. したがって, 塩化ナトリウム1モルは質量58.45gである. この質量の塩化ナトリウムには $6.022 \times 10^{23}$ 個のナトリウムイオン ($Na^+$) と $6.022 \times 10^{23}$ 個の塩化物イオン ($Cl^-$) が含まれる. これらの量について次ページの表にまとめた.

炭素12.0gは物質を使用するときに人が容易に取扱える量である. モルの単位が原子あるいは分子の数を表すうえでの標準になったのはその理由からである.

モルというのは数字である. 1ダースあるいは1世紀というのと同様に. 1モルのグルコースにも1モルのインスリンにもまったく同じ数の分子が存在する. それゆえ, 異なる物質が溶液にあっても分子の数を直接比べることができる. その分子が小さいものであろうが, 大きいものであろうが関係なく. たとえば, たいていの酵素はその基質に比べて非常に大きい. しかし, 一つの酵

| 化学式 | 1 単位当たりの化学式質量 | 1 モルの質量 | 1 モル中の単位粒子の数 | 1 モル中の原子あるいはイオンの数 |
|---|---|---|---|---|
| $^{12}_{6}C$ | 12 amu | 12 g | $6.022 \times 10^{23}$ 個の C 原子 | $6.022 \times 10^{23}$ C 原子 |
| $H_2O$ | 18 amu | 18 g | $6.022 \times 10^{23}$ 個の水分子 | $6.022 \times 10^{23}$ O 原子 |
| | | | | $2 \times 6.022 \times 10^{23}$ H 原子 |
| $C_6H_{12}O_6$ グルコース | 180 amu | 180 g | $6.022 \times 10^{23}$ 個のグルコース分子 | $6 \times 6.022 \times 10^{23}$ C 原子 |
| | | | | $12 \times 6.022 \times 10^{23}$ H 原子 |
| | | | | $6 \times 6.022 \times 10^{23}$ O 原子 |
| NaCl | 58.45 amu | 58.45 g | $6.022 \times 10^{23}$ 個の NaCl 単位 | $6.022 \times 10^{23}$ $Na^+$ イオン |
| | | | | $6.022 \times 10^{23}$ $Cl^-$ イオン |

素は一度には一つの基質分子としか反応しない．だから，それぞれの物質が何分子溶液中に存在するかをはっきりさせることは重要である．

### 問

ナトリウム 57.5 g は何モルか．

ナトリウムの原子量は 23 であるので，ナトリウム 23 g が 1 モルになる．ナトリウム 57.5 g では 57.5/23 = 2.5 モルとなる．

## 4・2 モル質量

これまでみてきたように，どのような化合物であっても，化合物の 1 モルの質量は，化合物を構成している元素の相対原子質量を合計してそれにグラムをつけることによって得られる．グラム単位で表した，一つの化合物の 1 モルの質量のことを**モル（グラム分子）質量**，$M$ とよぶ．

次のような関係式になる．

$$物質量（モル）= \frac{グラム単位で表した質量}{モル質量} = \frac{m}{M}$$

化合物の分子質量を表すのに使われる記号はさまざまである．

- グルコースのモル（グラム分子）質量（記号 $M$）は 180 g mol$^{-1}$ である．この量は 1 モルの質量である．

- グルコースの分子量（記号 $M_r$）は 180 である．分子量は，分子を構成する元素の原子量の総和である．
- ドルトンという名称（記号は Da）を生物学者は，炭素-12 原子の質量の 12 分の 1 に対して用いる原子質量単位（amu）の代わりに用いることがある．これを用いるとグルコースのモル質量は 180 Da と表現できる．

現在は，これらのどれも同じことを表す，正しい方法として認められている．$M_r$ には単位がないことに注意．これは分子の質量と炭素-12 原子の質量の 12 分の 1 との比であるからである．比には単位はない．

## 4・3 モルとモル濃度

**モル**とは物質量を表す単位で，**モル濃度**は物質の濃度を表す．

モルとモル濃度との区別については学生がよく混乱してしまう．その理由の一つは名称が似ているからであろう（モルのことを英語では mole，モル濃度のことを molarity という）．これらの用語の違いをきちんと認識して，区別することは重要である．

> **要点メモ**
>
> モルとは物質量を数で表す単位で，モル濃度とは濃度のことである．

**モル**（略号は mol）は物質量の尺度である．

化合物の 1 モルは分子をアボガドロ数（$6.022 \times 10^{23}$）に等しい数含んでいる量のことである．もしくは，化合物の 1 モルとは分子量に g をつけた質量と等しい物質の量である．

**モル濃度**とは濃度の尺度である．ある溶液のモル濃度とは一定の体積に存在する溶質の物質量をモル単位で表したものである．

> **要点メモ**
>
> アボガドロ数は 1 モル中の分子の数（$=6.022 \times 10^{23}$）に等しい．

ここで，分子数というのは 1 モルの物質が溶液 1 L 中であろうが，1 mL 中であろうが，その数は変わらない（1 モル $=6.022 \times 10^{23}$ 分子）．しかし，濃度は異なる．1 mL 中に物質が 1 モルある方が，1 L 中に 1 モルあるより，溶液の

濃度が高いのははっきりしている．つぎに，モル濃度の定義を述べる．

溶液のモル濃度とは溶液 1 L 中の溶質の物質量（モル単位）である（あるいは $dm^3$ 当たりに存在する物質量といってもよい）．モル濃度の単位は mol/L あるいは $mol\,L^{-1}$ もしくは M．

1 モル濃度（略号は 1 M）の溶液は体積 1 L 当たりに 1 モルの物質を含む．

グルコースの $M_r$ は 180 であるから，グルコース 180 g が 1 モルになる．180 g のグルコースを水に溶かして 1 L の溶液にすると，それは 1 モル濃度（1 M）溶液となる．

この溶液からちょうど 1 mL をとると，グルコースの濃度は 1 mL の溶液であっても 1 モル濃度（グルコースの質量と水の体積との割合は変わっていない）であり，変わっていない．しかしながら，溶液 1 mL に存在する物質量は 1 モルの 1/1000 しかない（1 mmol）．それは溶液 1 mL は 1 L の 1/1000 であるから．

だから，3.2 M の溶液の濃度は 3.2 mol/L あるいは $3.2\,mol\,L^{-1}$ となる．溶液中に存在する化合物の質量あるいは物質量は用いている溶液の体積に依存する．この溶液 1 mL 中には 3.2 mmol すなわち 0.0032 mol しか含まれていない（すなわち，1 L に含まれる量の 1000 分の 1）．濃度は同じである．

---

**要点メモ**

$$\text{モル濃度} = \frac{\text{物質量}}{\text{体積 (L)}} = \frac{n}{V} = c \ (mol\,L^{-1})$$

---

**問**

水のモル濃度はいくらか．

水（$H_2O$）の $M_r$ は 18 であるので，水 18 g が 1 モルになる．1 L の水は質量 1000 g であるから，$1000\,g / 18\,g\,mol^{-1} = 55.6\,mol$ の水．だから，水のモル濃度は $55.6\,mol\,L^{-1}$（55.6 M）

---

## 4・4 単位についてのメモ

生物学者が取扱う溶液の濃度はたいてい，1 モル濃度よりはるかに低い．ミリ（1000 分の 1），マイクロ（100 万分の 1），ナノ（10 億分の 1）などの用語を用いて物質の濃度，体積を表すのにしばしば用いられる．これらはそれぞれ，

m（ミリ）＝$10^{-3}$，$\mu$（マイクロ）＝$10^{-6}$，n（ナノ）＝$10^{-9}$ と略記される．

たとえば，1モル濃度のグルコース溶液（1L当たりグルコースを1モル含む溶液）から1mL（1mL＝1Lの1000分の1）をとると，それには1mmol（グルコース1モルの1000分の1）のグルコースが含まれる．

モルあるいはモル濃度が入っている計算式では，最初の原理から開始するのがよい．"発展：モルに慣れる"の節にもっとたくさんの用例をあげておく．

> **問**
>
> 10500 $M_r$ のタンパク質，0.0105 g（10.5 mg）を1mLに溶かすと，この溶液1mLには1マイクロモル（1 $\mu$mol）のタンパク質が存在する．なぜか？
>
> $$物質量 = \frac{グラム単位での質量}{1モルの質量} = \frac{0.0105 \text{ g}}{10500 \text{ g mol}^{-1}} = 0.000001 \text{ mol}$$
> $$= 1 \times 10^{-6} \text{ mol すなわち，1マイクロモル（1 } \mu\text{mol）}$$

発展
モルに慣れる
(p.55)

## 4・5 希 釈

希釈を理解することはモルおよびモル濃度を理解するのと同じくらい重要である．というのは，必要なモル濃度にするために，溶液を希釈することがしばしばあるからである．溶液を希釈するには基本的に二つの方法がある．単純希釈と連続希釈である．

1. **単純希釈**：単純希釈とは注目する液体材料の単位体積量を溶媒液体の適量で混ぜて，欲しい濃度のものをつくることである．たとえば，1Lのグルコース溶液を別の1Lの水と合わせると，グルコースの濃度は元の濃度の半分になる．希釈率とは単位体積の何倍の体積に溶けたことになるかである．上の例でいうと，希釈率は1：2（このような希釈のよび方は2倍希釈という）．もっと別の例でいうと，5倍希釈とは希釈前の溶液1単位体積に単位体積の4倍の溶媒を加える（つまり，1＋4＝5＝希釈率）ことをいう．体積と濃度が既知の溶液（原液）を，別の濃度に薄める必要がある場合は $V_1 C_1 = V_2 C_2$ の式が有用である．$V_1$ および $C_1$ はそれぞれ原液の体積と濃度を表し，$V_2$ および $C_2$ はそれぞれ求める体積と濃度である．

2. **連続希釈**：連続希釈とは単純希釈を繰返すことにあたる．この結果，原液の1回目の希釈率は小さくても速やかに大きくすることができる．各段階で希釈する前の原液は，1段前に希釈したものである．連続希釈での総希

釈率は各段階での希釈率の積である．たとえば，仮にタンパク質溶液，1 mL からスタートしたとする．このうちの 0.1 mL（100 μL）をとり，これを 0.9 mL の溶媒に加えると，これで，0.1：1 希釈したことになる（10 倍希釈）．これからさらに 0.1 mL を 0.9 mL の溶媒に加えるとさらに 10 倍希釈することになる．元のタンパク質溶液からの総希釈率は 10×10＝100 となる．こちらの希釈法が用いられることの方が多いが，それは物質の質量を測りとるのを一度行えば，さまざまな一連の濃度の溶液を希釈により作製できるからである．しかし，頭に入れておかないといけないことがある．各段階で希釈による誤差が生じるので，希釈回数が増えるほど，誤差の大きくなる可能性がある．

"発展：モルに慣れる"の節（p.55）にもっと多くの例をあげてある．

## 4・6 パーセント組成の溶液

便宜上の理由からだが，溶液をパーセント組成で表すことがときおりある．

> **要点メモ**
>
> パーセント（％）は 100 当たりの何部分かを意味する．すなわち，1 ％ ＝ 全部で 100 のうちの 1 に当たる部分．

1. **w/w パーセント組成**： もし，溶質（溶けている物質）と溶媒（溶かしている液体）の両方とも質量単位（たとえばグラム）で表されている場合はパーセント組成では％w/w と書かれる．たとえば，20 g のグルコースを 480 g の水に溶かした場合の％w/w は 4 ％である．このことは溶液の質量の 4 ％ がグルコースであることを意味する．

    なぜそうなるのか？
    それは

    $$\text{溶質（グルコース）の質量} = 20 \text{ g}$$
    $$\text{溶媒（水）の質量} = 480 \text{ g}$$
    $$\text{溶液の質量} = 20 \text{ g} + 480 \text{ g} = 500 \text{ g}$$
    $$\%w/w = (20/500) \times 100 = 4 \%$$

2. **w/v パーセント組成**： 実験室で溶液を作製するとき最もよく使われる方法である．乾燥した溶質の一定質量を量りとり，それを一定の体積となるよ

うな容器に入れる．溶媒を加えて，既知の標線に達するまで入れる．そうすると濃度は溶液の体積当たりのパーセント重量で表される（%w/v）．たとえば，10 g の塩化ナトリウムを水に溶かして，100 mL の溶液とする．この %w/v 濃度は 10%w/v となる．

**なぜそうなるのか？**
その理由は，

$$\text{溶質（塩化ナトリウム）の質量} = 10 \text{ g}$$
$$\text{溶液（塩化ナトリウムおよび水）の体積} = 100 \text{ mL}$$
$$\%\text{w/v} = (10/100) \times 100 = 10\%$$

> **要点メモ**
>
> 液体に溶質を溶かした場合，その体積はほんの少ししか変化しない．しかし，質量は大きく変化する．

3. **v/v パーセント組成**：液体試薬を用いる場合のパーセント濃度は体積対体積を基にする．すなわち，液体溶質の体積と溶液の体積である．だから液体物質 10 mL を緩衝液 90 mL に加えるとそれは 10%v/v 溶液となる．もし 70%エタノール溶液が欲しい場合は，100%エタノールを 70 mL と水 30 mL に混ぜればよい．

**なぜそうなるのか？**
それは

$$70\%\text{v/v エタノール} = \text{溶液 } 100 \text{ mL 中の } 70 \text{ mL がエタノール}$$
$$\text{溶媒の水の体積は } 100 \text{ mL} - 70 \text{ mL} = 30 \text{ mL}$$

## 4・7　まとめ

1. **モル質量**

   モル質量は分子を構成している原子の質量の総和である．質量単位としては，原子質量単位（amu あるいは単に u），ドルトン（記号は Da）はどれも同じことを意味しており，それらの定義は炭素-12 の原子の質量の 12 分の 1 を 1 とするものである．

2. **分子量**

   これは炭素-12 の 1 モル（あるいは 1 分子）の質量の 12 分の 1 を基準にしたときの分子 1 モル（あるいは 1 分子）の質量の比．

## 3. モル

1モルとは，その物質の分子量の数値にグラムをつけた質量に含まれる物質量である．1モルの物質中には $6.022 \times 10^{23}$ 個の物質粒子が含まれる．

## 4. モル濃度

モル濃度とは溶液の濃度を表す単位である．1L溶液に1モルの溶質が溶けているときの濃度を1モル濃度（1M）という．

## 5. 希釈

単純希釈では希釈率は原液（試料がもともと溶けている溶液）の何倍の体積にしたかである．連続希釈では単純希釈の組合わせになる．総希釈率は各段階での希釈率の積となる．

## 6. パーセント溶液

固体の場合 $\dfrac{溶質の質量}{溶液の体積} \times 100 =$ パーセント濃度（w/v）

液体の場合 $\dfrac{溶質の体積}{溶液の体積} \times 100 =$ パーセント濃度（v/v）

## 4・8 自己診断テスト

解答は163ページ．

**問4・1** インスリンの $M_r$ は6000である．インスリン，0.01gを含む溶液中には何モルのインスリンが存在するか．

**問4・2** エタン酸（酢酸，$C_2H_4O_2$）の0.1M溶液を10Lつくるには何グラムのエタン酸が必要か（原子量：炭素は12, 酸素は16, 水素は1とする）．

**問4・3** 10gのグルコースを50mLの水に溶かしたグルコース溶液50mLがある．グルコースの分子量（$M_r$）を180として，この溶液中に存在するグルコースの物質量を求めなさい．この溶液のモル濃度はいくらか．

**問4・4** 0.02Mのグリシン（アミノ酸の一種）原液がある．この原液1mLを酵素活性測定用に総体積3mLにして用いた．この酵素活性測定溶液中に存在するグリシンは何モルか．モル濃度はいくらか．

**問4・5** 1.2gのグリシン（$M_r=75$）を100mLの水に溶かした．この溶液1mL中には（a）何モルのグリシンが存在するか．（b）このグリシン溶液のモル濃度はいくらか．（c）グリシン分子はいくつ存在するか．

## ▶ 発　展

### 4・9　モルに慣れる

モル濃度，濃度，希釈を自分のものにするために，以下に実例を示す．

**モルとモル濃度**

**A.** 乾燥試薬を用いて，一定モル濃度の溶液を 1 L 用意するには

分子量に求めるモル濃度を掛けて，何グラムの試薬を用いるかを決める．$M_r=194.3$ の場合，0.15 M 溶液をつくる必要があると，必要なグラム数は $194.3\times0.15=29.145$ g/L となる．この溶液が 30 mL だけ必要な場合は $194.3\times0.15\times30/1000=0.87$ g

**B.** 1 mM のショ糖（スクロース）溶液から 50 μL をとり，酵素反応溶液に加えて，体積を 3 mL にしたとする．この反応溶液のショ糖の濃度はいくらか．

50 μL（=0.05 mL）を 3 mL にすると，希釈率は $3/0.05=60$ となる．だから，最終のショ糖濃度は $1/60 = 0.017$ mM（17 μM）

**C.** 1 mL に 100 μmol のショ糖を含む溶液から 50 μL をとり，これを 3 mL の酵素反応溶液に加えた．この反応溶液には何 μmol のショ糖があるか．

$0.05 \times 100 = 5$ μmol．これが元の溶液から取出した量である．

これを酵素反応液に添加すると 3 mL 中に 5 μmol あるので，$5/3$（= 1.66）μmol/mL

**D.** 濃度 1 mg/mL のシトクロム $c$ 溶液（原液）が 10 mL ある．今，濃度 5 μg/mL のシトクロム $c$ を 5 mL つくるにはどうしたらよいか．

（a）この問を言い換えると，原液の体積をいくら用いて，5 mL にすると 5 μg/mL になるかということになる．$V_1C_1=V_2C_2$ の関係式で今知りたいのが $V_1$ であり，$C_1$ は 1 mg/mL，$V_2$ は 5 mL，$C_2$ は 0.005 mg（=5 μg）/mL であるから，

$$V_1\times 1 = 5\times 0.005$$

これから，$V_1=0.025$ mL（すなわち 25 μL）となる．したがって，シトクロム $c$ 原液 0.025 mL を 4.975 mL の水（あるいは緩衝液）に加えて，5 mL になるようにすればよい．

(b) シトクロム $c$ の $M_r$ を 12000 とすると，作製した溶液 1 mL 中には何モルのシトクロム $c$ が存在するか．

シトクロム $c$ 12000 g が 1 モルに相当する．溶液 1 mL には 5 μg 入っている．これから明らかなように，答の数字はきわめて小さい値になる．5 μg をグラムで表して 0.000005/12000＝0.00000000042 モル，すなわち，0.00042 μmol あるいは 0.42 nmol（ナノモル，$10^{-9}$ mol）．

(c) 上記 (b) の値は 1 mL 中のモル数である．ならば，シトクロム $c$ のモル濃度はいくらになるか．

モル濃度は 1 L 当たりで表すことを思い出そう．1 mL 中に 0.42 nmol あるのだから，1 L 中には 0.42×1000 nmol（＝420 nmol）ある．ゆえに，この溶液の濃度は 420 nM（ナノモル濃度），すなわち 0.420 μM，もしくは 4.2×$10^{-7}$ M．

## 希　釈

**A.** %w/v からモル濃度へ変換するには，パーセント濃度を 10 倍して，g/L にし，これを分子量 $M_r$ で割る．

$$モル濃度 = \frac{\%(w/v) 溶液 \times 10}{M_r} M$$

たとえば，$M_r$＝325.6 の物質の 6.5 % 溶液をモル濃度で表す場合は

$$\{(6.5 \text{ g}/100 \text{ mL}) \times 10\}/325.6 \text{ g/mol} = 0.1996 \text{ M}$$

**B.** モル濃度から w/v パーセント濃度にするには，モル濃度に $M_r$ を掛けて，10 で割る：

$$\%(w/v) 溶液 = \frac{モル濃度 \times M_r}{10}$$

たとえば，$M_r$＝178.7 の物質の 0.0045 M 溶液をパーセント濃度に変換するには

$$\{0.0045 \text{ mol/L} \times 178.7 \text{ g/mol}\}/10 = 0.08 \% 溶液$$

**C.** グルコース（$M_r$＝180）10 % 溶液が 5 mL 与えられたとする．この溶液のモル濃度はいくらか．

10 % グルコース溶液は 10 g/100 mL である．5 mL には 10×5/100＝0.5 g のグルコースがあるということは，1 L では 0.5×1000/5＝100 g．

1 L に 180 g のグルコースがあるとそれは 1 M となるので，100 g あるこ

とは $1 \times 100/180 = 0.56$ M

では 5 mL には何モルのグルコースがあるか.

$0.56 \times 5/1000 = 0.00278$ mol すなわち,$2.78$ mmol(ミリモル,$10^{-3}$ モル)

**D.** 次の表は 1.5 mg/mL 濃度のタンパク質溶液原液を用いて,一連の単純希釈で得られるタンパク質濃度を 3 mL つくるときに必要な希釈量を具体的な数値で表したものである.

| 原 液<br>(mL) | 水<br>(mL) | 合 計<br>(mL) | タンパク質濃度<br>(mg/mL) | タンパク質の質量<br>(mg) |
|---|---|---|---|---|
| 3 | 0 | 3 | 1.5 | 4.5 |
| 2.5 | 0.5 | 3 | 1.25 | 3.75 |
| 2 | 1 | 3 | 1.00 | 3 |
| 1.5 | 1.5 | 3 | 0.75 | 2.25 |
| 1 | 2 | 3 | 0.50 | 1.5 |
| 0.5 | 2.5 | 3 | 0.25 | 0.75 |
| 0 | 3 | 3 | 0 | 0 |

まず最初に mg/mL で表したタンパク質濃度(表の右から 2 番目の列)を算出するには,最終体積(今の場合つねに 3 mL)との関係で希釈率から計算される.たとえば,原液 2 mL を 3 mL にする場合,希釈率は 2/3 になるから,$2/3 \times 1.5 = 1.00$ mg/mL となる.また,0.5 mL の原液を 3 mL にした場合,希釈は 0.5/3 であるから,$0.5/3 \times 1.5 = 0.25$ mg/mL となる.その他もこれに準じて計算される.計算の結果得られるのは体積当たりの質量で表した濃度である.

知りたいのは濃度ではなく,全タンパク質量だけであることがしばしばある.この値は表の最後の列にある.この値は用いた原液の体積に 1 mL 当たりに存在するタンパク質量(=1.5 mg)を乗じることで計算される.タンパク質の量を表す最後の列の数字は溶液の最終体積とは無関係である.この場合は 3 mL としてあるが,もし,これが 30 mL であるとしてもそれぞれのケースでの全タンパク質量が異なることはない.しかし,**タンパク質濃度(mg/mL)の方は異なる**.たとえば,表の 3 番目の行でみると,原液 2 mL を 30 mL にする場合,希釈率は 2/30 になるので,濃度は $2/30 \times 1.5 = 0.10$ mg/mL となる.表の値の 10 倍低くなる.体積が 10 倍になったのだから,そうなる

のも驚くに値しない．

　大事なことは自分が今何に着目して求めようとしているのか，何を計算しようとしているかについて確かめることである．すなわち，求めているのは量（グラム，マイクログラム，モル）か，あるいは濃度（g/mL，$\mu$g/mL，モル濃度）か．

**E.** 微生物実験室で学生が3段階で1：100連続希釈を細菌の培養で行っている（下の工程図を見よ）．第一の段階では1単位体積培養菌（10 $\mu$L）を99単位体積の培養液（990 $\mu$L）に混ぜる＝1：100希釈．第二の段階で，1：100に希釈したものの1単位体積を培養液99単位体積と混ぜると，全体での希釈率は1：100×100＝1：10000となる．さらに希釈を繰返す（第三段階）と総希釈率は1：100×10000＝1：1000000となる．細菌の濃度はもともとの試料の100万分の1である．

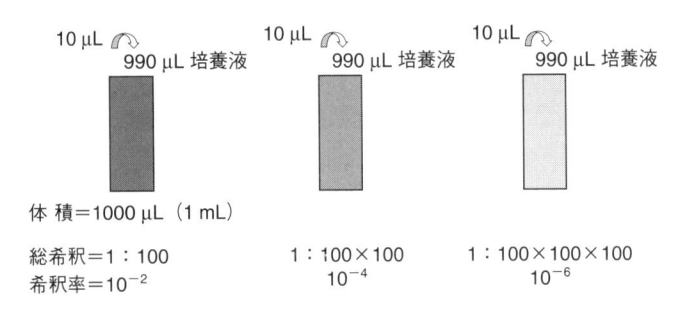

# 5 炭素——生命体のもと

### 基本概念
炭素は生命体を構成する基本元素である．この章では炭素原子の電子配置が炭素のもつ特別な性質とどのように関係するかを学ぶ．炭素の性質はそれが構成要素となる共有結合化合物をみることで明白に理解できる．炭素原子の性質こそが，生体分子の種類および形を決めている．炭素は生体分子の骨格構造を担っている．

生体分子はすべて炭素を含んでいる．実際，生命は炭素を基に成り立っている．このような炭素の役割がなぜ，どのようにして果たされているのかを理解するために，まず，炭素原子が結合するときの振舞いをみておく必要がある．

## 5・1 炭素の電子配置

炭素原子には6個の電子がある．そのうちの二つは原子核に一番近い1s軌道中にある．次の二つは2s軌道に入る．残りの二つは別々の2p軌道に入る．それは三つのp軌道がどれもまったく同じエネルギーであり，電子は可能ならばできるだけ，単独で存在する配置をとるからである（図37）．炭素原子の電子配置は通常の基底状態では$1s^2 2s^2 2p^2$である．

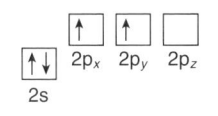

図 37 炭素の外殻電子配置

この電子配置は炭素が2本の共有結合を形成しうるp軌道に**不対電子を2個もつ**ことを示唆している．しかし，実在する物質をよく見るとそうなっていない．$CH_2$という分子は実在しない．最も簡単な炭素化合物は$CH_4$，メタンであり，これは等価な炭素–水素の共有結合を四つもっている．

## 5・2 混 成

炭素が四つの等価な結合を形成することが可能であることを説明するうえで，化学結合の形成に，**軌道の混成**とよばれる理論を用いる．軌道混成は共有結合の形成に先んじて，炭素原子の電子配置を変換することである（図38）．

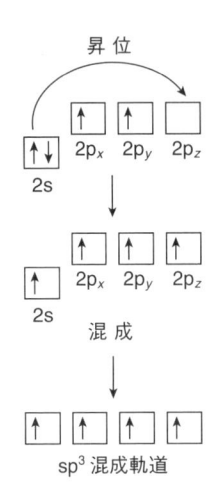

昇 位

$\uparrow\downarrow$ 2s　$\uparrow$ 2p$_x$　$\uparrow$ 2p$_y$　□ 2p$_z$

↓

$\uparrow$ 2s　$\uparrow$ 2p$_x$　$\uparrow$ 2p$_y$　$\uparrow$ 2p$_z$

混 成

↓

$\uparrow$ $\uparrow$ $\uparrow$ $\uparrow$
sp$^3$ 混成軌道

図 38　炭素の混成

2s 原子軌道から一つ電子をとって，同じエネルギー準位 2 の中で，2p 原子軌道で空いているところへ上げる（これには少しエネルギーを与える必要がある）．四つの軌道を混ぜる，つまり混成して，四つの等価な軌道をつくる．電子を新しい四つの等価な軌道の一つずつに各原子軌道が一つの電子をもつように再配分する．この新しい原子軌道のことを sp$^3$ 軌道という．このようにして，最大四つの不対電子を炭素はもつことができるので，これで 4 本の共有結合の形成が可能になる．メタンでは，各 sp$^3$ 軌道は半分詰まっていて，これが水素原子の 1s 軌道（これにも一つの電子が入っている）と重なり合って，C−H 共有単結合ができる．

このように，メタンでは炭素は **sp$^3$ 混成** しているという．言い換えると，四つの混成軌道はすべて結合に使用されている．sp$^3$ 混成軌道は一つの 2s と三つの 2p 軌道からなるので，sp$^3$ という．

> **要点メモ**
>
> 軌道の混成とはほぼ同じエネルギー準位にある原子軌道を混ぜる，つまり混成することで，まったく同じエネルギーの混成軌道をつくることをいう．

**発 展**
ペプチド
結　合
(p.28)

## 5・3　炭素が四価であること

　共有結合が形成されるとエネルギーが放出される．分子のもっているエネルギーは低ければ低いほど，その分子はそれだけ安定である．原子はより大きな安定性を得るためにできるだけ多数の共有結合を形成しようとしている．炭素がこの点特に優れているのは，炭素は四つの共有結合を形成できるからである．炭素は**四価**といわれる．炭素が四価であることは生体の構成要素としてさまざまな役割を果たすうえで重要である．炭素–炭素の共有結合が容易に形成され，その結果，環状構造も直鎖構造のどちらもできる．

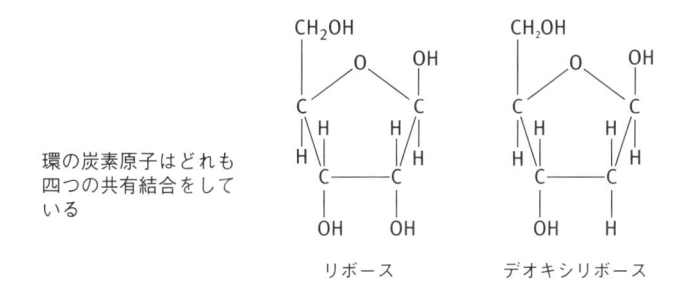

環の炭素原子はどれも四つの共有結合をしている

リボース　　　デオキシリボース

　環状構造中に炭素が存在するのは一般にごくありふれた当然のことと考えられる（炭素原子に結合した水素があることと同様に）．そこで，たとえば，デオキシリボースのことを，省略的につぎのように表すことがある．

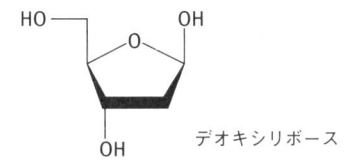

デオキシリボース

官能基，この場合はヒドロキシ基だけが示されている．
　脂肪酸などにみられる長鎖の構造も可能である．この場合，パルミチン酸中の各炭素は四価である．

$H_3C$╲$^{CH_2}$╱╲$^{CH_2}$╱╲$^{CH_2}$╱╲$^{CH_2}$╱╲$^{CH_2}$╱╲$^{CH_2}$╱╲$^{CH_2}$╱COOH

パルミチン酸

## 5・4 分子の形

上にあげたような構造を描く場合，二次元の紙面上に書くことには限界がある．もちろん，多くの分子は平面状でなく，三次元である．生体分子の形状は炭素が四価であることに強く依存してくる．$sp^3$混成軌道をとっている炭素原子では，四つの混成原子軌道は互いにできるだけ離れて遠くに存在しようとする．この結果，各混成軌道は正四面体の頂点の方向をさしている．メタンの形（図39）は，したがって正四面体構造になる．

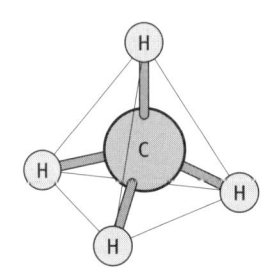

**図 39 メタンは正四面体構造である**

下の省略図はデオキシリボースの構造を示しているが，環の下側半分は太い線で描いてある．このようにして，環のこちら側が紙面から飛び出してくる方向にあることを示す．環は平面状ではない．環は三次元構造をしている．このような形状も炭素が四価であることの結果である．

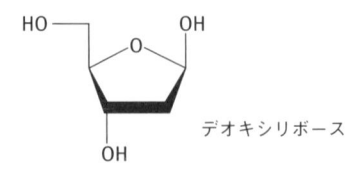

デオキシリボース

同様に，別の表現方法を用いて，分子中で共有結合がどのような方向を向いているかを示すこともある．

通常の結合はページ平面上にある．くさび形の結合は紙面から飛び出してこちら側に向いている．平行線のくさび形の結合は紙面から向こう側へ遠ざかる向きにある．

5·4 分子の形   63

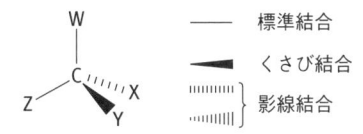

|    | 標準結合 |
|----|---------|
| ◀  | くさび結合 |
| ⫶  | 影線結合 |

　五つの原子（四つの炭素原子と一つの酸素原子）からなる環は平面上でなく，いす形あるいは舟形の立体配座をとっている．その理由は各 $sp^3$ 混成軌道をとっている原子の幾何学的配置が正四面体構造だからである．

### 要点メモ

$sp^3$ 混成は炭素が四つの共有結合を形成していることを意味する．

　グルコースの場合，いす形が最も安定である．舟形だとヒドロキシ基が互いにぶつかり，立体障害がある．

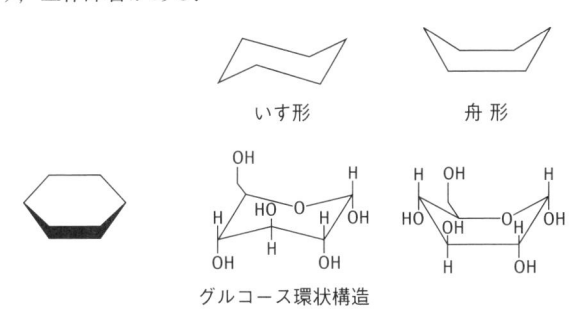

いす形　　舟形

グルコース環状構造

　もっと大きい分子の場合，多数の形状すなわち立体配座が可能になる．炭素のことだけを考えると多数の立体配座がとれるのだが，大きい分子の三次元構造は，分子上の**官能基**間に多様な**分子間相互作用**があるため，最終的にはそれらの関係によって決まってくる．分子間相互作用を最適にするように，分子は特定の三次元立体配座をとるようになる．そして，大きい生体高分子の構造および機能的性質は三次元の形状によって決まる．

　分子の形状は生物における結合および認識を決定する要因である．酵素の活性部位は基質を収容できるような構造（形）になっている必要がある．分子の形状がどういう関係になっているかが分子間相互作用の特異性が高いかどうかを決めている．同様に，膜表面の受容体は特定のホルモンを認識する．また，膜上の輸送体は特定の分子だけを運ぶ．形状が特異性をもたらし，特異性が認識，制御，そして秩序をもたらす．生体系のもつ際立った特徴である．

## 5・5 π結合と電子の非局在化

これまでとりあげた炭素環化合物では，各炭素原子は $sp^3$ 混成軌道をとっていて，四つの共有結合をしている．しかし，炭素は他の種類の混成もすることが可能である．

二重結合を含む炭素化合物では $sp^2$ 混成軌道をとっている．$sp^2$ 混成軌道も $sp^3$ 混成軌道と同じ方法で形成されるが，$sp^2$ では，混成されるp軌道は二つだけで，残りの一つのp軌道はそのままp軌道として残っている．

| ↑ | ↑ | ↑ |   | ↑ |
|---|---|---|---|---|
| $sp^2$ 混成軌道 | | | | p 軌道 |

三つの新しい $sp^2$ 混成軌道は互いにできるだけ離れて並ぼうとするので，平面上で120°離れる．p軌道のままで残っている軌道は $sp^2$ 混成軌道平面に直交している．

$sp^2$ 混成軌道からなる結合はエテン，$C_2H_4$ にみられる．エテンは二つの炭素原子の間の二重結合一つとC—H結合四つをもつ（図40）．炭素原子はそれぞ

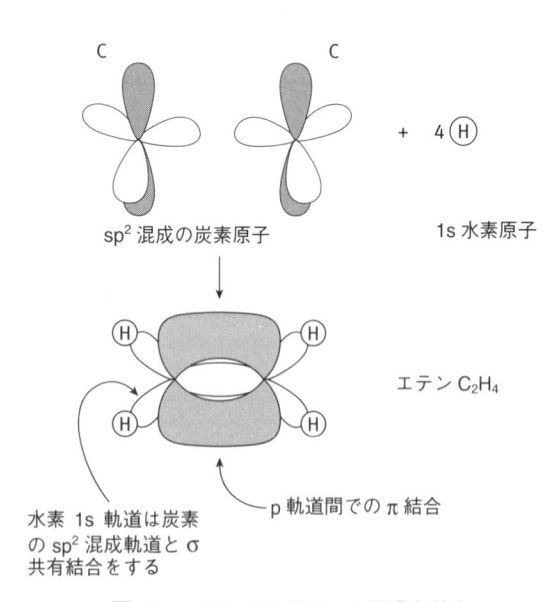

図40 エテンにおける $sp^2$ 混成と結合

れ三つのsp²混成軌道と一つのp軌道をもつ．これら四つの原子軌道のそれぞれには一つの電子をもつ．sp²混成軌道の一つの電子はもう一つの炭素原子のsp²軌道の一つにある電子と重なり（頭と頭），炭素-炭素のσ結合を形成する．各炭素原子に残っている二つのsp²軌道は水素の1s軌道と重なり，C−H結合を形成する．六つの原子はすべて同一平面上にある．エテンは平面状（平たい）分子である．各炭素原子上で，混成に参加しない2p軌道は側面で重なり合い，原子の間にπ結合を形成する．σ結合に比べてπ結合の方が少し弱いが，それは重なりの程度が少ないからである．

炭素のsp²混成の典型的な例はベンゼン分子，$C_6H_6$ にみられる（図41）．

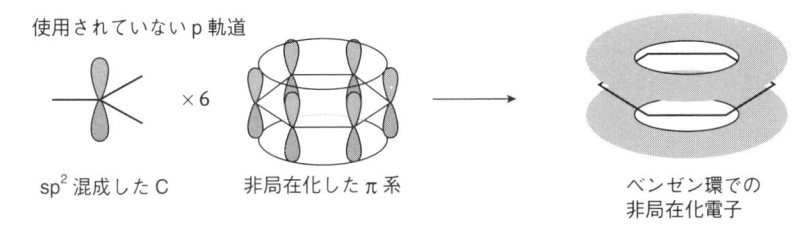

図41 ベンゼンにおけるsp²混成と電子の非局在化

ベンゼン分子は六つの炭素原子からなる環状構造をしている．各炭素原子には水素原子が一つ結合している．ベンゼン中の炭素原子はどれもsp²混成をしている．各炭素原子はsp²軌道で，三つのσ結合（隣りの二つの炭素原子それぞれに一つと水素原子に一つ）をもつ．六つの炭素原子と六つの水素原子は同一平面内にある．六つのp軌道は平面の上と下にあり，互いに十分近いので重なり合い，三つのπ結合を形成している．このような電子の配置は結果的には六つのp軌道を連続的な円形状の重なりにする．各p軌道からの電子は自由にこの円形状の重なり領域を動ける．このことを**非局在化**という．

### 要点メモ

sp²混成では，炭素は三つの等価な混成軌道をもつ．一つのp軌道は元のまま残っている．この未変化のp軌道はπ結合に参加できる．

つぎに示す省略構造はベンゼン分子を表しており，どれも正しいものである．

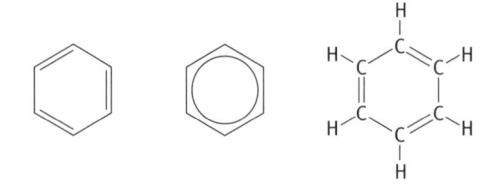

## 5・6 芳香族性

電子の非局在化により安定性が増大する．ベンゼンは比較的反応性の低い化合物である．環の配置は平面状である．ベンゼンは芳香族化合物である．ある分子が芳香族であるとは，すなわち，**芳香族性**を示すのは次の条件の場合である．

- 完全に**共役**している（すなわち，環を構成するすべての原子上に 2p 軌道がある）．
- 環状である．
- 平面状である．
- 非局在化した電子数が 6, 10, 14 などである．すなわち，電子の数が，$4n+2$ 個である．ここで，$n$ は整数（ヒュッケル則）．

図 42　共役したポルフィリン環

環状構造でも直鎖構造でも芳香族性とは関係なく，共役することもある．共役系とは単結合と二重結合が交互に存在する系である．

$$-C=C-C=C-C=C-$$

このような系では一つの炭素原子のp軌道がσ結合を挟んだ別の炭素のp軌道と相互作用している．このことを共役という．ヘム分子(図42)の環状構造(ポルフィリン環)は共役環状構造である．すなわち，環の全体をわたって，単結合と二重結合した炭素結合が交互に存在する系が存在する．

## 5・7 まとめ

1. 炭素原子は共有結合する前に，混成軌道を形成する．すなわち，一つの2s原子軌道電子は2p原子軌道電子と同じエネルギー準位に引き上げられる．
2. $sp^3$ 混成は四つの混成原子軌道を形成する．各軌道は一つずつ不対電子をもつ．したがって，炭素原子は四つの共有結合を形成しうる．
3. 炭素原子は互いに共有結合を容易に形成し，環状および直鎖構造を含め，さまざまな構造をつくることができる．
4. 炭素が四価であることは，生体分子の形を決めるうえで重要である．

## 5・8 自己診断テスト

解答は163ページ．

**問5・1** 炭素原子で $sp^3$ 混成軌道のものと，$sp^2$ 混成軌道のものとの違いを説明しなさい．

**問5・2** メタン分子 $CH_4$ の三次元的形状がどうなっているか説明しなさい．

**問5・3** 次にあげた炭化水素のうち，構造中に炭素-炭素二重結合をもつものはどれか．
  (a) $C_3H_8$   (b) $C_2H_6$   (c) $C_2H_4$   (d) $CH_4$

**問5・4** 次の環状化合物のうち，$sp^2$ 混成軌道をもつ原子があるのはどれか．

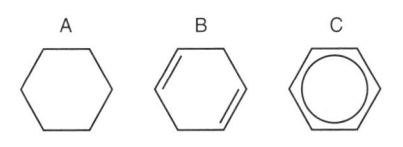

## 発　展

### 5・9　多様な炭素構造体

炭素が四価であり，異なった混成軌道をとれることから，さまざまな形の分子を形成することが可能である．炭素は容易に他の元素と結合をつくるだけでなく，炭素同士でも結合しやすく，環状構造や直鎖の構造を形成する．炭素だけからなる構造物でよく知られたものには3種あり，どれも顕著な性質をもつ．**グラファイト（黒鉛）**と**ダイヤモンド**は天然に存在する．**フラーレン構造**は1985年になって初めて発見された．同一の元素からなる物質で構造の異なるもののことを**同素体**という．

**グラファイト（黒鉛）の構造**

天然に存在する黒鉛はベータグラファイトとよばれ，六辺形である（図43）．六辺形のグラファイトでは炭素は六辺形に並んでいる．六辺形は平面で

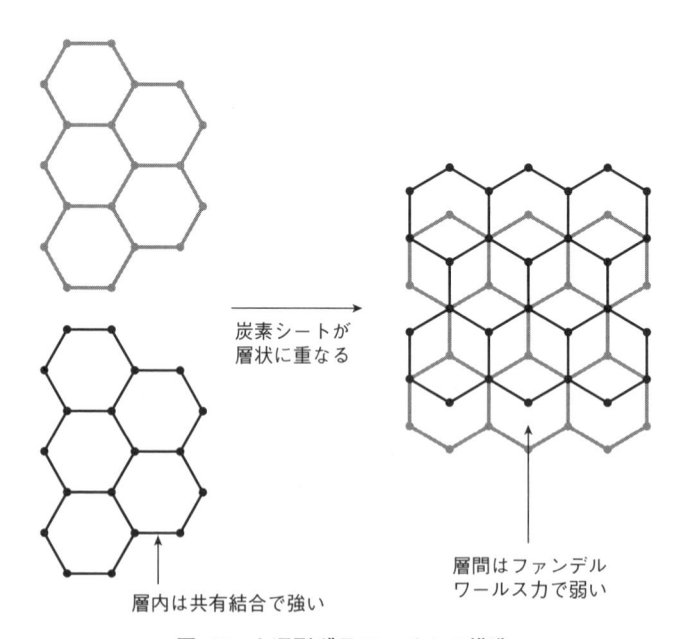

図 43　六辺形グラファイトの構造

ある．六辺形の各炭素原子は三つの他の炭素原子と結合している．グラファイト中の炭素は$sp^2$混成軌道を示す．混成にあずからない p 軌道はどれも互いに並列に並んでおり，グラファイトの平面とは直交していて，非局在化したπ電子の海を生み出して平面環状構造中を横断している．シート状の構造で，層と層の間の相互作用は弱く，このため，グラファイトは大変軟らかい．層と層の間は容易に滑りやすく，グラファイトは潤滑剤としても使われる．

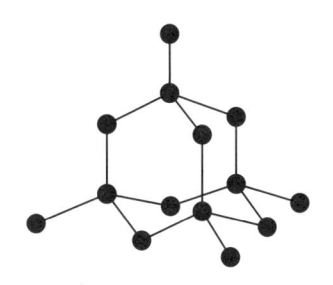

### ダイヤモンドの構造

ダイヤモンドでは，各炭素原子は$sp^3$混成軌道をとっている．ダイヤモンド構造中の各炭素はどれも正四面体の中心に存在する．ダイヤモンドそれ自身は結晶格子である（図 44）．

**図 44 ダイヤモンドの構造**

各炭素原子は四つの炭素原子と共有結合している．σ結合では互いに電子の重なりは最大である．このように形成されている構造なので，大変硬い．ダイヤモンドは天然に存在する物質では最も硬いものの一つである．

### フラーレンの構造

最も単純な型のフラーレンは 60 個の炭素原子が六辺形と五辺形が入り組んだ状態に並べられたものからなり，その構造はサッカーボールと似ている．また，しばしばバッキーボールとよばれる．これはフラーレンを発見し，1996年ノーベル賞を受賞した Curl, Kroto, Smalley により名づけられたからである（図 45）．

フラーレンは 1 種類の元素から構成されている既知の分子のなかで，中空の球状様構造を形成している唯一のものである．

フラーレン中の五辺形構造はグラファイトやダイヤモンドにはないもので，フラーレンの曲面を生み出すもととなっている．

## 5. 炭素——生命体のもと

フラーレン構造は生物学に刺激的な発想を提供している．この構造が中空であることは，そこに何かを入れられる潜在性があるということであり，新しい

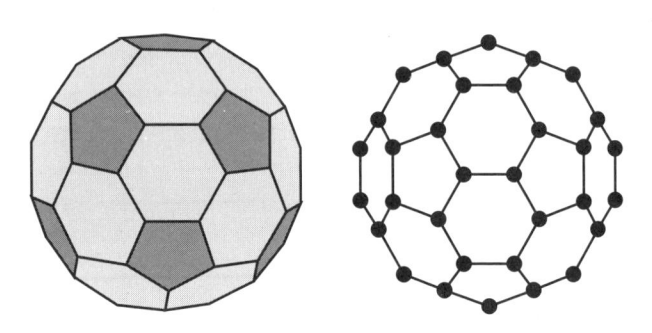

図 45　単純フラーレン構造

薬剤送達系として使用できる可能性がある．また，薬剤はバッキーボールの表面にくっつけることもできるかもしれないし，球状様の構造は酵素の活性部位に入っていくことが容易であるとも期待できる．

60 個の炭素からなるフラーレンの直径は 1 nm（$10^{-9}$ m）で，おおざっぱには，多くの小さい薬剤分子と同程度である（比較として，ヒトの髪の毛の太さは 50,000 個のバッキーボールくらいである）．フラーレンの特徴的な構造は薬剤分子をつくるときの足場として使用できる可能性もある．

フラーレン研究の重要な副産物は**ナノチューブ**で，これは炭素あるいは他の元素をもとにしている（図 46）．ナノチューブはグラファイト層を円筒形になるように継ぎ目なく包み込んだ構造をしている．ナノチューブの直径は数 nm

単層のグラファイト　　　　　　　　　ナノチューブ

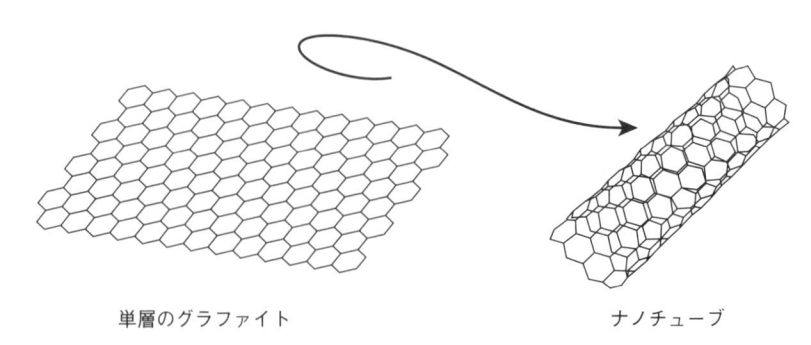

図 46　炭素ナノチューブ〔版権所持者 Professor Charles M. Lieber Research Group〕

であるが長さは 1 mm にも及ぶ．今日までのナノチューブ研究のなかでも，特筆すべきことはチューブを開けて，生体分子をはじめ，さまざまな材料物質を内部へ収容できることである．

**ナノサイエンス**は比較的新しい科学の分野で，すばらしい新発展が約束されている．ナノサイエンスは新しいエネルギーデバイス，センサー，データ保存の新しい方法，分子エレクトロニクス，ナノマシーンを駆動するナノチューブギアなどへの展開がある．これらは，今後，期待されるもののほんの一部である．

# 6 形だけが異なる同じ分子

> **基本概念**
> 化学式が同一の分子で,構造および性質が異なるものを異性体という.炭素が四価であることから,鏡像異性体,いわゆる立体異性体の存在が予想できる.生命体は一般にキラルな環境を必要とする.たとえば,アミノ酸のうち,生体が用いるのはL形だけであり,糖はD形だけである.酵素が認識するのは異性体のどちらか一方の形だけであるのが普通である.生体内に間違った形の異性体が入ると,大変な問題が起こることもある.

## 6・1 異性体

化学では,異性体の定義は,化学式が同一だが,構造および性質が異なる二つ以上の化合物のことをいう.

異性体にはたくさんの種類がある.そのうち,特に二つの主要な異性性は**構造異性**と**立体異性**である.

**構造異性体**では,原子および官能基の間の結合の順番などが異なるものである.たとえば,分子式,$C_2H_6O$ はエタノールにもあてはまるし,ジメチルエーテル $CH_3OCH_3$ にもあてはまる.両方とも同一の元素組成をしているが,同一の化合物ではない.これらは構造異性体である.

**立体異性体**は結合構造は同じであるが,原子および官能基が空間に占める幾何学的な位置が異なる.この異性性には**光学異性**と**幾何異性**が含まれる.光学異性体は互いに鏡に映した像の関係になっている.幾何異性では鎖の端の二つの官能基が参照平面に対し反対方向に結合している.

## 6・2 光学異性

前章でみてきたように,炭素は四価なので,四つの共有結合を形成しうる.形成された四つの結合は正四面体の頂点を向いている.

炭素が正四面体であるということから,**鏡像異性体**が存在することが予想さ

れる．つまり，炭素が四つの異なる基と四つの単結合をすると，互いに重ね合わせることのできない鏡像分子（**エナンチオマー**，対掌体ともいう）が存在することになる（図47）．

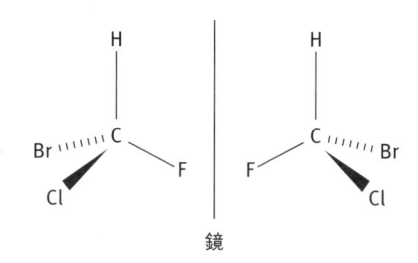

図 47　重ね合わせができない鏡像構造

エナンチオ（*enantio*）はギリシャ語で反対を意味する．エナンチオマーとは互いに重ね合わせることができない鏡像構造体である．

生体では**鏡像異性体**は特に重要である．**不斉炭素**あるいは**キラル炭素**(訳注：キラルとは，鏡像と重ね合わせることができないことをいう)をもつ分子は二つの構造をとることができる．不斉炭素は四つの異なる原子あるいは原子団を結合している．図48に示したアミノ酸構造は互いに鏡像の関係にある．それらは

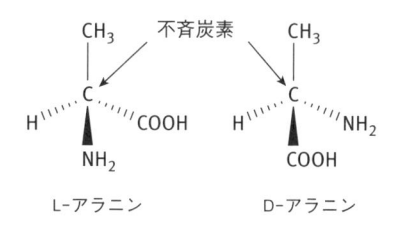

ここで ◀ は結合が紙面から手前側に出ていること，
⋯⋯ は紙面から後方側に向いていることを示す

図 48　D-アラニンとL-アラニンは鏡像異性体である

同一の化学的，物理的性質をもつ．物理的には平面偏光を回転するうえで，大きさは同じだが回転方向がまったく逆であることで区別できる（そこで，これらをDあるいはLとよぶ）．平面偏光を右（dextrorotatory ＝ right-handed ＝ 時計回り）へ回転する溶液中の化合物を $d$ 体とし，平面偏光を左（levorotatory ＝ left-handed ＝ 時計と反対回り）へ回転する溶液の方を $l$ 体と名づけた．$d$

体と同じ立体配置でありながら，平面偏光の回転は右回りでない化合物も存在するので，現在では偏光の回転の方向と無関係に，炭素に結合している原子あるいは原子団の関係から，D体とL体とが定義されている．偏光面の回転は必ず逆方向になっているので，D体とL体を等量含む溶液は平面偏光の回転をしない．このような混合物は**ラセミ混合物**とよばれる．

糖類にも，D形とL形がありうる．最も単純な3炭素からなる糖はグリセルアルデヒドで，図49に，そのD体とL体が示されている．

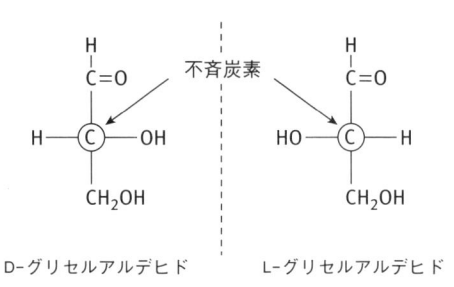

図 49 D-グリセルアルデヒドとL-グリセルアルデヒドは鏡像異性体である

この構造には不斉（キラル）炭素は一つだけである．この分子を見るときに，頂点のアルデヒド基（-CHO）は紙面から遠ざかるように見る．すなわち，水平方向の結合は紙面手前に，垂直方向の結合は紙面後方にOH基が不斉炭素に対して右側にある場合，それはD形である．もし，左側にあるとL形である．

もっと複雑な糖では不斉炭素の数は増え，その結果，異性体の数も増す．分子中のキラル中心が一つ増えるたびに2倍の立体異性体ができる．不斉炭素が$n$個あると2の$n$乗個の立体異性体が可能となる．

D-グルコースとL-グルコースは互いに鏡像異性体の関係にある．グルコースには四つのキラル中心がある（図50で炭素，2, 3, 4, 5）．これらの構造体

**鏡像異性体（エナンチオマー）**：
立体異性体のうち，互いに鏡像体の関係にあるもの

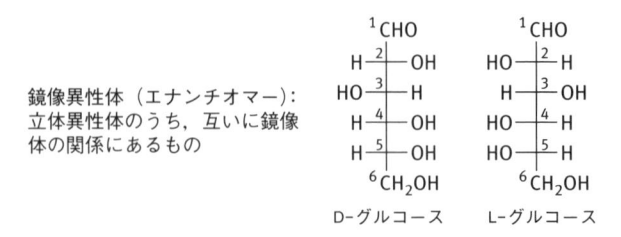

図 50 D-グルコースとL-グルコースは鏡像異性体である

がD形であるかL形であるかはアルデヒド基から最も遠い不斉炭素のことだけで決める（図50では炭素5である）．D-グルコースでは，各不斉炭素のOH基の位置はすべてL-グルコースの逆になっている．だから，D-グルコースとL-グルコースとは互いに鏡像の関係にある．

一方，D-グルコースとD-ガラクトースとの関係は**ジアステレオマー**であるという．これらは立体異性体ではあるが，互いに鏡像の関係にはない．図51にはD形であるか，L形であるかを炭素原子1から一番遠いキラル炭素でのOH基の位置を考えることで決められていることを示す．つまり，ここに出ているグルコースもガラクトースもD形である（OH基は炭素原子5について右側にある）．しかし，明らかに，D-グルコースとD-ガラクトースは鏡像関係にない．

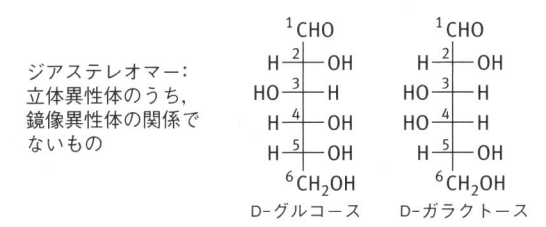

ジアステレオマー：
立体異性体のうち，
鏡像異性体の関係で
ないもの

図51　D-グルコースとD-ガラクトースとはジアステレオマーである

グルコースの環状構造を考えると，さらに新しい立体異性体の存在が明白になる．すなわち，**アノマー**である．この場合は炭素原子1番のOH基の配置が異なる．溶液中では，グルコースは**変旋光**として知られている過程を経る．開環いす形構造のグルコースはヘミアセタール結合形成を介在して環状構造と平

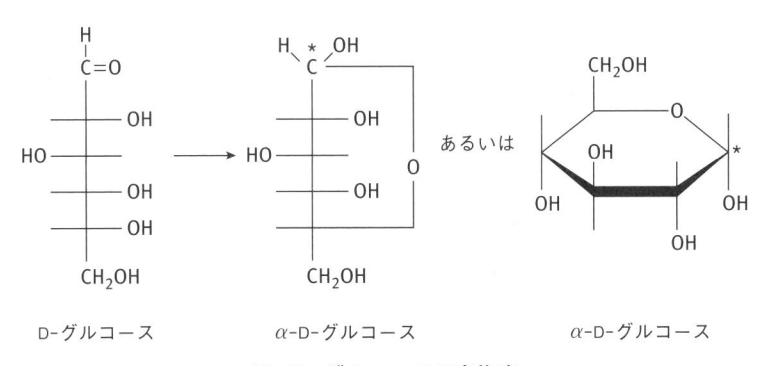

図52　グルコースの変旋光

衡にある（図52）．

図52では，D-グルコースが環化してα-D-グルコースを形成する．α-D-グルコースの場合はアノマー炭素上（★で示してある）のヒドロキシ基は下向きである．もし，ヒドロキシ基が上向きになっていると，これはβ-D-グルコースである．このように環状構造のグルコースは開環構造よりも一つ多いキラル中心をもつことになる．

そのうえ，グルコースのα形とβ形環状構造は開環形（図53）を介在して，互いに平衡にある．

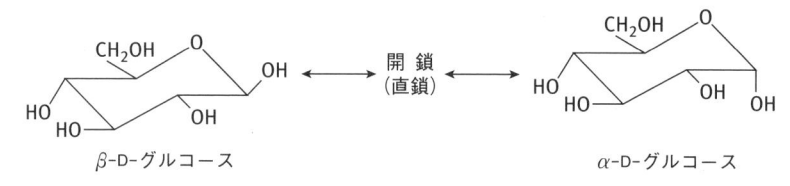

図53　グルコースアノマーの平衡

溶液中の平衡ではβ形が優勢である（ヒドロキシ基がβ形の方がα形よりも互いに離れている空間配置になっていて，立体的混雑さを避けている）．

## 6・3　幾何異性

幾何異性にもいくつかの種類がある．よくあるものに**シス-トランス異性**がある．立体異性体が炭素-炭素の二重結合をもつ場合は，二重結合の両端の置換基の配置にシスあるいはトランスが生じる可能性がある．これらは**シス-トランス異性体**とよばれる．ここにあげた簡単な例はブテンについてである．

二重結合の同じ側にメチル（$CH_3$）基がある場合がシス（*cis*）体である．トランス（*trans*）体はメチル基が二重結合の反対側にあるときである．

炭素-炭素二重結合は原子あるいは原子団の空間配置を固定してしまい，二重結合の回りの回転は許されない（二重結合に回転なしと覚えておきたい）．

不飽和の脂肪酸（すなわち，炭素-炭素二重結合をもつ脂肪酸）では，二重

結合の基の向きはシスであったり、トランスであったりしうる.

$$\underset{\text{シス立体配置}}{\overset{H\phantom{xxx}H}{\underset{\phantom{x}}{\diagdown}\underset{\phantom{x}}{C}=C\underset{\phantom{x}}{\diagup}}} \qquad \underset{\text{トランス立体配置}}{\overset{H\phantom{xxxxx}}{\underset{\phantom{x}}{\diagdown}\underset{\phantom{x}}{C}=C\underset{\phantom{xxx}H}{\diagup}}}$$

シス立体配置は炭素鎖によじれ（急な曲がり）もしくは曲がりを起こすのに対し、トランス立体配置は直線状の鎖をなす（図54）

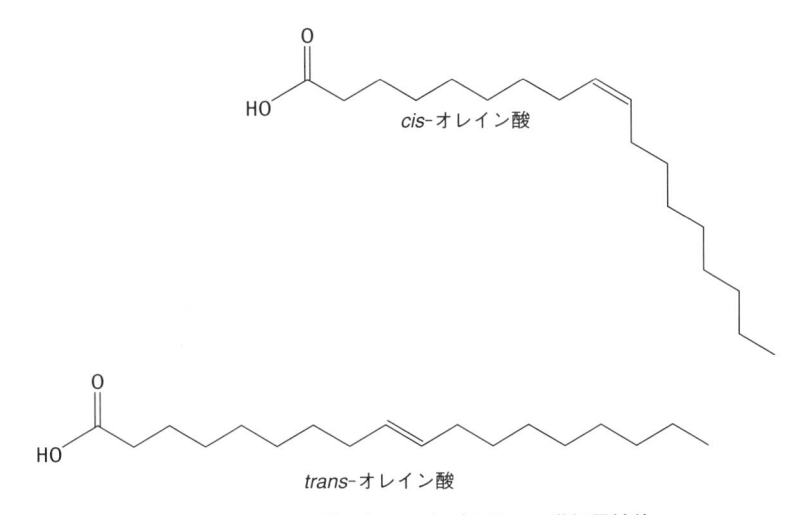

図 54 オレイン酸のシスおよびトランス幾何異性体

　天然に存在する不飽和植物油はほとんどがシス結合をしている．しかしフライなどの調理中に油のシス結合のいくつかはトランス結合に変換されうる．もし、連続して何度も同じ油を使い回すと、シス結合がトランス結合に変化するものが増え、ついには、相当数のトランス結合がたまってくる．これは健康上の問題になる．というのはトランス結合をもつ脂肪酸は得てして、総血中コレステロール値を上げることがわかっており、そのため心疾患のリスクを増大する．そのうえ、がん原性、すなわちがんの原因となることも示されている．

　しかしながら、シス–トランス変換が天然で起こり、生物学的に重要な驚くほどの例もある．11–シス–レチナール（ビタミンAの一種）は哺乳類の眼の光受容体の一部を構成している（11はビタミンA鎖の11番目の炭素についてのこと）．光に当たると11–シス–レチナールは全トランス–レチナールになり、

視覚の生化学的反応過程に関与する一連の反応が始まるきっかけとなる（図55）．

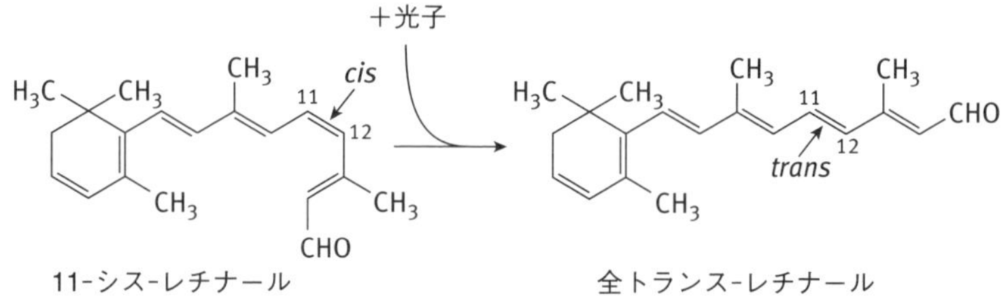

図 55　11-シス-レチナールと全トランス-レチナールの構造

## 6・4　立体異性体が問題になる場合

　生命は異性体をその形状が異なることから見分けている．通常は，一方の異性体が生物学的に活性をもっていると，他は不活性である．細胞は**キラルな環境**であることを必要とする．言い換えると，限られた異性体のみが認識されて取込まれる．タンパク質を合成するときはL-アミノ酸だけを用い，炭水化物の代謝ではD-糖のみを行う．脂肪酸はシス異性体を好むし，タンパク質のペプチド結合はトランスを好む．このような分子認識はこれらの反応過程をつかさどる酵素反応のレベルでのことである．しかしながら，問題が起こることもある．それは不適切な異性体がこの環境にもち込まれるときである．

　1960年代に，**サリドマイド**を服用していた妊婦の多数が奇形児を生んだ．鏡像異性体の一つ，異性体 $R$ 形は意図通り，睡眠薬として有効であったが，

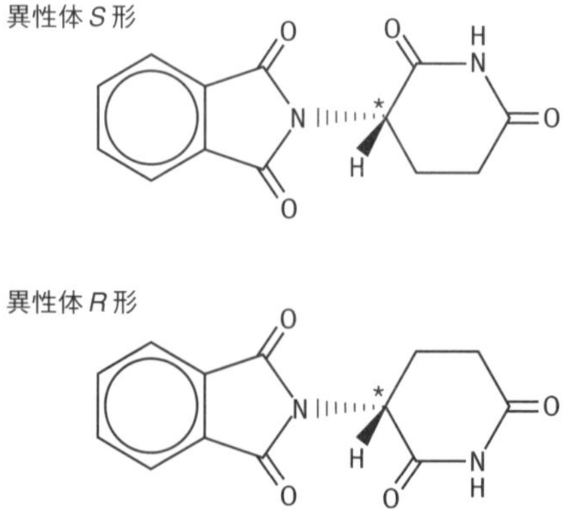

図 56　サリドマイドの異性体

もう一方の異性体 S 形はアザラシ肢症などの奇形を発生した．図 56 はこれら二つの異性体を示すが，違いは★印をつけた炭素原子の回りの環の回転が異なることである*．

鎮痛剤として OTC（処方箋なしで買える薬）販売されている**イブプロフェン**は重ね合わせることのできない鏡像異性体二つの混合物である（図 57）．治療活性があるのは，異性体 2 型の方だけである．

異性体 1 型　　　　　異性体 2 型

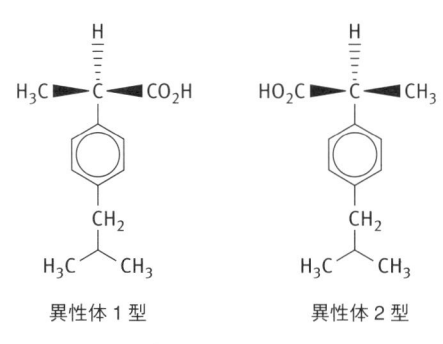

図 57　イブプロフェンの二つの異性体

現代の製薬産業では，新薬の生産においては一方の異性体のみができるような工程に規制されている．キラル合成（不斉合成）の方法，あるいは異性体の分離方法への投資により強力でより安全な薬がつくられるようになった．

## 6・5　まとめ

1. 異性体とは同じ化学式でありながら，構造が異なり，性質も異なる化合物が二つ以上存在する化合物と定義される．
2. 炭素原子が四価であるため，アミノ酸および糖をはじめ生体分子の多数には立体異性体（鏡像体）が存在する．
3. 分子中に一つ以上の不斉（キラル）炭素原子をもつものがある．この不斉炭素原子の原子団の配置により，鏡像異性体（重ね合わせられない鏡像），ジアステレオマー（鏡像異性体でないもの），アノマー（一つの不斉炭素

---

\* 訳注: その後の研究では，サリドマイドは体内でラセミ化してしまい，光学異性体間で催眠作用にも催奇形性にもはっきりとした違いは認められないという報告もある．さらに，サリドマイドがもつ血管新生阻害作用から腫瘍への効果も期待されている．最近，日本でも多発性骨髄腫に対する有効性が認められ，復活の動きがある．

についての原子団の立体配置が異なるもの）異性体が生まれる．

4. 生命体はキラルな環境を必要とする．すなわち，限られた異性体のみが許される．たとえば，L-アミノ酸であり，また，D-糖である．

## 6・6 自己診断テスト

解答は164ページ．

**問6・1** 次の分子AとBの関係を表す文章を選びなさい．
 (i) これらは構造異性体である．
 (ii) これらは幾何異性体である．
 (iii) これらは鏡像異性体である．
 (iv) これらは同位体である．

```
A    H                  B    H   O
     |                       \\ //
  H—C—OH                      C
     |                        |
     C=O                   H—C—OH
     |                        |
  H—C—OH                   H—C—OH
     |                        |
     H                        H
```

**問6・2** 二つの分子が互いに鏡像異性体であるか，それともジアステレオマーであるかは何が違うからか．

**問6・3** キラル中心ということから，何がわかるか．

**問6・4** 六つのキラル炭素をもつ分子にはいくつの立体異性体が存在しうるか．

**問6・5** D-グルコース溶液とL-グルコース溶液をどうやると区別できるか．

# 7 水 ― 生命の溶媒

**基本概念**

水は生きている細胞の主要成分で，細胞の総質量の70％にのぼる．水が豊富であるということは，生体分子の生体中での振舞いが水とどのように相互作用するかということで決まってくることを意味する．水は酸としても，塩基としても振舞う．水がイオン化することは生体分子の酸-塩基の振舞いを理解するうえで，また生体系のpH調節についての出発点となる．

3章で，簡単に水の特別な性質について紹介した．すなわち，水分子は互いに水素結合しうる．水分子間の水素結合は水分子中の電荷分布の偏りが基になっている．偏りは酸素原子が二つの水素原子に対し比較的電気陰性度が大きいことに起因する．電荷の分布と分子が曲がった形をしているため水分子は**双極子モーメントをもつ**（図58）．

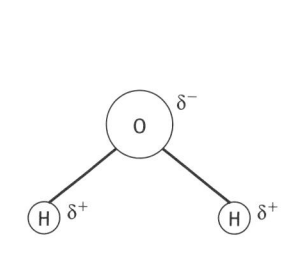

図58 水の双極子と水素結合

水はV字形の構造をしている　　水分子間には水素結合ができやすい

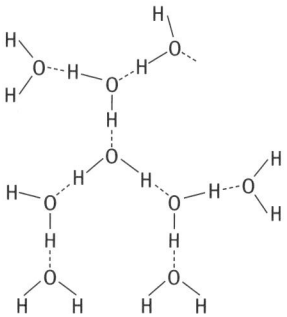

## 7・1 水分子の結合

酸素原子の電子配置は $1s^2 2s^2 2p^4$ である．水素原子と共有結合するうえで，酸素原子は $sp^3$ 混成軌道をとる．1s軌道にある電子のことは度外視すると，酸

素原子の電子配置を"箱詰め"電子図を用いて表すことができる.

$$\boxed{\uparrow\downarrow}\ \boxed{\uparrow\downarrow\ \uparrow\ \uparrow} \xrightarrow{\text{混成}} \boxed{\uparrow\downarrow\ \uparrow\downarrow\ \uparrow\ \uparrow}$$
2s　　2p 2p 2p　　　　　sp³ 混成軌道

　2s 軌道と 2p 軌道の混成した軌道のうち,不対電子をもつ軌道が二つあり,これらは水素原子との結合に利用される.二つの孤立電子対が酸素原子の sp³ 混成軌道二つに残っている(図59).酸素原子は半分満たされた sp³ 軌道二つ

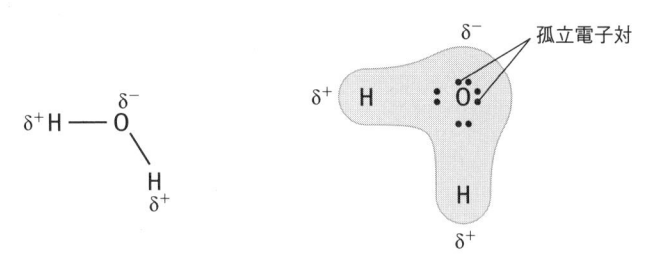

図 59　水分子の電子分布

と水素原子の 1s 軌道の重なりから水素二つと共有結合を形成する.実際,水分子はそれぞれ最大限 4 本の水素結合を形成して,他の水分子に結合できる.分子の二つの水素原子は隣りの水分子の酸素原子と水素結合し,酸素原子の方は(二つの孤立電子対があるので)隣りの水分子の水素原子二つと水素結合できる.

> **要点メモ**
>
> 　水素結合は,電気陰性度の大きい原子(O, N, F)が別の電気陰性度の大きい原子に共有結合した水素原子に近づくことで形成される.

## 7・2　水の解離(自己イオン化)

　分子中の原子はたえず運動している.原子の運動の一つに振動がある.振動運動とは結合の長さが伸びたり,縮んだりすることで,これとともに,原子同士は近づいたり,離れたりする.液体の水の中ではどんな瞬間でも,水素結合中の水素は隣りの水分子の酸素原子よりは同じ分子内の酸素原子に近いところにある(図 60 a).しかし,振動している瞬間には,$H_2O$ 分子中の O−H 共有

結合が伸び、分子間の水素結合が短くなる（図 60 b）．この結果 O-H 共有結合が伸びて、ついには切れ、そして隣りの分子に新しく O-H 結合が形成さ

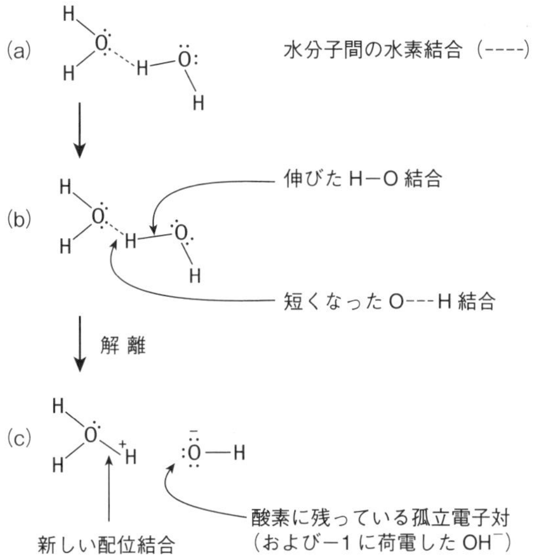

図 60　水の解離

れる（図 60 c）．切れた水素原子の電子はもとの分子側に残り、酸素原子の $sp^3$ 混成軌道中の孤立電子対が水素原子との結合に配位結合として使用される．この過程により、新しい分子種が二つ生まれる．どちらも電子で満たされたものである．**オキソニウムイオン** $H_3O^+$ と**水酸化物イオン** $OH^-$ である．

この過程は水の**解離**（自己イオン化）として知られている．反応式 1 はこの反応を表している（図 61）．この過程は反応式 2 のように簡略化されることが

反応式 1

$$H_2O + H_2O \rightleftharpoons H_3O^+ + OH^-$$

反応式 2

$$H_2O \rightleftharpoons H^+ + OH^-$$

図 61　水の自己イオン化を示す化学反応式

ある．このような反応をするのは、純水中、室温では水分子の 10 億個当たり 1 個くらいしかない．反応式 1 および 2 の反応では記号 ⇌ を用いて、すべての分子が解離するのではないことを示す．記号 ⇌ は化学反応が終結

しないで,平衡に達するような化学反応について用いる.平衡に達する反応では,反応物分子(化学反応式の左側)のうちの一部だけが反応し,生成物を形成することになる.平衡に達すると,正方向,逆方向の反応が同じ速度で起こっている.

## 7・3 酸と塩基

水の挙動は酸と塩基の概念を理解するうえでの基礎となる.

**酸**とは解離により水素イオン($H^+$)を産生する物質である.

たとえば,塩化水素 HCl(g) を水に加えると,HCl 分子はみつからず,$H_3O^+$ と $Cl^-$ だけが見いだされる.HCl 分子はどれも水と反応して,オキソニウムイオンと塩化物イオンを形成する.この過程は次のように表される.

$$HCl(g) + H_2O(l) \longrightarrow H_3O^+(aq) + Cl^-$$

HCl は強酸である.それは水中で完全に電離するからである.胃の壁腺細胞から分泌されるのは,この塩酸である.

> **要点メモ**
>
> 物質の物理的状態は,(g)=気体,(aq)=水溶液,(l)=液体,および(s)=固体で示される.

すべての酸が水の中で完全に解離するわけではない.たいていの有機酸はほんの一部が水と反応して低濃度のオキソニウムイオンを生じ,残りは非解離の酸分子として存在する.このような酸のことを**弱酸**といい,$\rightleftharpoons$ 記号を用いて,平衡に達していることを示す.エタン酸(酢酸),食酢中の酸はこのような弱酸の一例である.

$$\underset{\text{エタン酸}}{CH_3COOH(l)} + H_2O(l) \rightleftharpoons CH_3COO^-(aq) + H_3O^+(aq)$$

**塩基**とはプロトン $H^+$ を引抜く物質と定義できる.塩基の多くは水からプロトンを引抜き,ヒドロキシド(水酸化物)イオン $OH^-$ を残す.

塩基には解離により直接水酸化物イオンを生じるものもある.たとえば,水酸化カリウムを水に加えた場合である.

$$KOH(s) + 水 \rightleftharpoons K^+(aq) + OH^-(aq)$$

> **要点メモ**
>
> 実際には遊離の水素イオンが水溶液中に存在することはありえないにもかかわらず，水素イオン濃度ということで，pH 尺度で考えることが多い．いずれにしても，理論上でプロトンの存在を考察するような場合は，オキソニウムイオンは解離してプロトンを供給する．だから，正味の効果は同じことになる．

水の中で完全に解離する塩基，たとえば KOH は**強塩基**とよばれる．

他の塩基は水と反応して，プロトンを引抜き，水酸化物イオンを残す．たとえば，アンモニア $NH_3$ で，水と反応する塩基である．アンモニアは水と全部が反応するわけではなく，比較的少量の水酸化物イオンを産生するだけなので，アンモニアは**弱塩基**といわれる．

$$NH_3(g) + H_2O(l) \rightleftharpoons NH_4^+(aq) + OH^-(aq)$$

> **要点メモ**
>
> 酸は解離して $H^+$ を出すもの，塩基は水からプロトンを引抜いて水酸化物イオン $OH^-$ を生むか，もしくは，解離により直接 $OH^-$ を生じるもの．

## 7・4 酸性度と pH

溶液の酸性度は，オキソニウムイオンのモル濃度で求められる．この濃度はたとえば，塩基中できわめて小さくなったり，強酸中ではきわめて大きくなったりする．オキソニウムイオン濃度は通常 1 M から $1 \times 10^{-14}$ M までの間にある．このように非常に小さい数字を使用するうえでより便利な数に変換するために，pH が考案された．それは対数尺度である．溶液の pH の定義を次にあげる．

$$\mathrm{pH} = -\log_{10}[H^+]$$

ここで，$[H^+]$ は $\mathrm{mol\ dm^{-3}}$ すなわち，$\mathrm{mol\ L^{-1}}$ で表した水素イオン濃度である．M という濃度単位を $\mathrm{mol\ dm^{-3}}$ すなわち，$\mathrm{mol\ L^{-1}}$ の代わりに用いることができる．

## 要点メモ

角括弧 [ ] は括弧の中のものの濃度を表す.

$\log_{10}[H^+]$ は水素イオン濃度について 10 を底とした対数である. たいていの電卓 (計算機) には log 関数が付いていて計算できる. 今後は $\log_{10}X$ を単に $\log X$ として表すことにする.

### 強酸の pH の計算

0.1 M 塩酸の $H^+$ 濃度は 0.1 M である. この溶液の pH は pH $= -\log[0.1]$ である. $\log[0.1] = -1$. したがって, pH $= -(-1) = +1$. ゆえに, この塩酸溶液の pH は 1 に等しい.

大概の水溶液は pH 尺度で 0 (強い酸性) から +14 (強い塩基性) までの間の値をとる. 中性溶液は pH 7.0 となる (図 62).

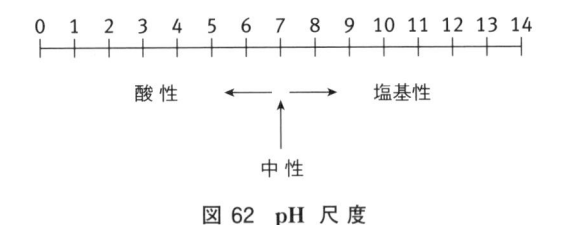

図 62 pH 尺度

## 7・5 水の pH の計算

水もほんの少しの程度解離する. 水素イオン ($H^+$) は水分子と結合して $H_3O^+$ (オキソニウムイオン) を生じる.

$$H_2O + H_2O \rightleftharpoons H_3O^+ + OH^-$$

**解離度**は平衡定数から計算できる. 平衡定数は解離したイオン濃度と非解離の分子の濃度の比である. この解離の平衡定数 ($K_{eq}$) は次のように定義される.

$$K_{eq} = \frac{[H^+][OH^-]}{[H_2O]}$$

水の濃度はほぼ一定なので, この式は

$$K_\mathrm{w} = K_\mathrm{eq}[\mathrm{H_2O}] = [\mathrm{H^+}][\mathrm{OH^-}]$$

とおくと，$K_\mathrm{w}$ も一定となる．$K_\mathrm{w}$ のことを水のイオン積という．

> **要点メモ**
>
> 一つの水分子は解離して，一つの $\mathrm{H^+}$ と一つの $\mathrm{OH^-}$ を生じる．

純水中の水素イオン（オキソニウムイオン）の濃度は水酸化物イオンの濃度と等しいはずである．その値が 25 ℃ で，$1.0 \times 10^{-7}$ M であることが実験的にもわかっている．

したがって，$[\mathrm{H^+}] = [\mathrm{OH^-}] = 1.0 \times 10^{-7}$ M

これらの値を $K_\mathrm{w}$ の式に入れると

$$K_\mathrm{w} = [\mathrm{H^+}][\mathrm{OH^-}] = 1.0 \times 10^{-7}\,\mathrm{M} \times 1.0 \times 10^{-7}\,\mathrm{M} = 1.0 \times 10^{-14}\,\mathrm{M^2}$$

このことは純水にはイオン形はほとんど存在しないことを示している．また，$K_\mathrm{w}$ の値は一定であるので，もしも $\mathrm{H_3O^+}$ 濃度が下がると $\mathrm{OH^-}$ の濃度は上がるし，逆に，上がると，下がるということになる．

純水中の $\mathrm{H_3O^+}$ 濃度がわかると，pH を計算できる．

$$\mathrm{pH} = -\log[\mathrm{H^+}]$$

今もし，$[\mathrm{H^+}] = 1.0 \times 10^{-7}$ M とすると，

$$\mathrm{pH} = -\log(1.0 \times 10^{-7}\,\mathrm{M}) = -(-7) = 7$$

ゆえに，純水の pH は 7 である．

## 7・6　水中での弱酸と弱塩基の解離

弱酸とは一部が水と反応して解離し，オキソニウムイオンを溶液中に生じる物質のことである．弱塩基とは一部が $\mathrm{H_2O}$ と反応して水酸化物イオンを溶液中に生じるものである．

水のときのように，弱酸，弱塩基の解離度は**解離定数**で表現できる．解離定数はある化学種がその構成成分へ分解する反応の平衡定数である．

**酸解離定数** $K_\mathrm{a}$ は弱酸が水溶液中でその共役塩基およびオキソニウムイオンと平衡にあるときの平衡定数である．同様に，**塩基解離定数** $K_\mathrm{b}$ は水溶液中で

塩基がその共役酸と水酸化物イオンとへ解離する反応の平衡定数である（共役とは"対になっているものがともに関与して"という意味である．酸塩基の化学では共役種とはプロトンのあるなしの違いで，酸あるいは塩基となる関係になっているもののことである）．

以下の例はエタン酸（酢酸）の解離を示す．平衡を表す式では水の濃度が含まれていないことがわかる．これは水の濃度は大過剰にあるので，[$H_2O$]の値は変化せず，一定とみなせるからである．

$$CH_3COOH(aq) + H_2O(l) \rightleftharpoons CH_3COO^-(aq) + H_3O^+(aq)$$
弱酸　　　　　　　　　　　　　　　共役塩基

この解離の平衡定数はエタン酸の酸解離定数 $K_a$ にあたるものであるので，これは

$$K_a = \frac{[CH_3COO^-(aq)][H_3O^+(aq)]}{[CH_3COOH(aq)]}$$

エタン酸の $K_a$ の値は 25 ℃ で $1.8 \times 10^{-5}$ M であり，確かに弱酸（すなわち，溶液中に大きく解離しているわけではない）であることを示す．

すなわち，$K_a$ の値が大きければ大きいだけ，それだけ強い酸ということになる．$K_a$ の値は [$H^+$] の値と同様，多くの場合は非常に小さい値になる．そこで，$K_a$ の値もその逆数の対数，すなわち負の対数で表すことがある．この値を $\mathbf{p}K_a$ という．すなわち，

$$pK_a = -\log K_a$$

$pK_a$ の値が小さければ小さいほど，それだけ強い酸となる．エタン酸の $pK_a = -\log(1.8 \times 10^{-5} M) = -(-4.74) = 4.74$ となる．

同様に弱塩基の解離により，水酸化物イオンを生じるがそれは塩基解離定数 $K_b$ で表される．アンモニアの水との反応を考えると，

$$NH_3(aq) + H_2O(l) \rightleftharpoons NH_4^+(aq) + OH^-(aq)$$
弱塩基　　　　　　　　　　　　共役酸

解離定数は

$$K_b = \frac{[NH_4^+(aq)][OH^-(aq)]}{[NH_3(aq)]}$$

アンモニアの $K_b$ の値は $1.75 \times 10^{-5}$ M．ここでも $pK_b = -\log K_b$ なので，アンモニアの $pK_b = -\log(1.75 \times 10^{-5} M) = -(-4.76) = 4.76$ となる．

> **要点メモ**
>
> 一般に,弱酸 HA が水溶液中で解離する場合は次のように表される.
>
> $$HA(aq) \rightleftharpoons H^+(aq) + A^-(aq)$$
>
> 酸解離定数 $K_a$ は
>
> $$K_a = \frac{[A^-][H^+]}{[HA]}$$

## 7・7 緩衝液

　細胞の代謝活性により,酸が生産されてくる.たとえば,乳酸は筋肉組織で産生される.タンパク質および酵素の機能発現には pH が一定である条件が必要である.特に血液の pH は狭い範囲内に維持されねばならない.少しでも変動すると致命的になる.幸いなことに,体には pH の変化を最小限にする**緩衝系**という機構がある.

　緩衝液とはオキソニウムイオンあるいは水酸化物イオンが加えられても pH 変化に抵抗できる溶液のことである.緩衝液は弱酸あるいは弱塩基とその塩との混合物からなる.たとえば,炭酸 $H_2CO_3$ と炭酸水素ナトリウム $NaHCO_3$,あるいはアンモニア $NH_3$ と塩化アンモニウム $NH_4Cl$ の組合わせである.酸および塩基とその塩とのこのような組合わせは**酸-塩基共役対**とよばれる.酸-塩基共役対はプロトン(あるいはオキソニウムイオン)の獲得と喪失によって結ばれている.

　たとえば,炭酸と炭酸水素イオン,$H_2CO_3/HCO_3^-$

$$H_2CO_3(aq) + H_2O(l) \rightleftharpoons HCO_3^-(aq) + H_3O^+(aq)$$
　　　共役酸　　　　塩基　　　　　　共役塩基　　　　　酸

アンモニアとアンモニウムイオン,$NH_3/NH_4^+$

$$NH_3(aq) + H_2O(l) \rightleftharpoons NH_4^+(aq) + OH^-(aq)$$
　　共役塩基　　　　酸　　　　　　　共役酸　　　　　塩基

注目したいのはこれらの弱酸,弱塩基の解離では水分子と形成されるオキソニウムイオンあるいは水分子と水酸化物イオンも酸-塩基共役対であることである.

　緩衝系とは共役酸と共役塩基をほぼ等しい濃度で含んでいるものである.

酸性緩衝液とはpHを7より小さいところに維持するものである．もし，少量の塩基が水酸化物イオン（$OH^-$）の形で，酸性緩衝液に加えられると，共役酸が水酸化物イオンに反応し，pHが上がる（もっと塩基性条件側へいく）のを防ぐ．もし，オキソニウムイオン（$H_3O^+$）の形で酸が少量添加された場合は，共役塩基が $H_3O^+$ と反応してpHが下がる（もっと酸性条件側にいく）のを防ぐ．このように緩衝系は共役酸あるいは共役塩基を使い切るまでは，pHをほとんど一定に維持することができる．すなわち，共役酸あるいは共役塩基の濃度が高ければ高いほど，緩衝液の緩衝能がそれだけ大きくなる．

**発展　生体の緩衝液（p.96）**

## 7・8　ヘンダーソン-ハッセルバルヒの式を用いた緩衝系のpHの計算

特定の酸-塩基共役対からなる緩衝液はそれぞれそのpHを維持する緩衝作用を示す特定のpHがある．だから，生物系あるいは化学系の状況に応じて，それに適切な緩衝液が用いられる．ある特定の緩衝系のpHは**ヘンダーソン-ハッセルバルヒの式**を用いて計算できる．

これは一般的に，酸-塩基対，$HA/A^-$ に対してつぎのようにして得られる．

弱酸HAの水溶液中でその共役塩基 $A^-$ への解離を考えよう．

$$HA(aq) + H_2O(l) \rightleftharpoons A^-(aq) + H_3O^+(aq)$$

弱酸の酸解離定数は次のようになる．

$$K_a = \frac{[A^-][H_3O^+]}{[HA]}$$

これを平衡における共役塩基と酸の比をもとに表すと次のように書ける．

$$K_a = [H_3O^+] \times \frac{[A^-]}{[HA]}$$

この式のすべての項について常用対数（10を底とした対数）をとり，$pK_a$ を用いる．

$$\log K_a = \log[H_3O^+] + \log[A^-] - \log[HA]$$

全体にマイナス1（−1）を掛ける．

$$-\log K_a = -\log[H_3O^+] - \log[A^-] + \log[HA]$$

$pK_a = -\log K_a$，$pH = -\log[H_3O^+]$ で置き換えると

$$pK_a = pH - \log[A^-] + \log[HA]$$

これを並べ替えて

$$pH = pK_a + \log\frac{[A^-]}{[HA]}$$

この式をもっと一般的な形に書くと

$$pH = pK_a + \log\frac{[塩基]}{[酸]} \quad \text{あるいは} \quad pH = pK_a + \log\frac{[プロトン受容体]}{[プロトン供与体]}$$

これが**ヘンダーソン−ハッセルバルヒの式**である.

$pK_a$ 値を用いると酸の強度(酸の解離傾向)を pH 尺度との関係で表現できる.

## 7・9 生命と水

**発展**
水への溶解度
(p.41)

物質の水への溶解度はその構造によって決まっている.イオンを形成して水によく溶ける固体は荷電したイオンが容易に極性をもつ水分子と相互作用するからである.同様に極性共有結合をもつ有機分子(たとえば,アルコールやカルボン酸の O−H 基)は水に溶けやすい性質がある.

生体分子によくみられる極性の官能基にはヒドロキシ基,カルボキシ基,アミノ基がある.

**ヒドロキシ基**(OH)は単に水素原子が酸素原子に結合しているものであるが,この基の酸素原子は炭素原子とも結合している.水素と酸素との間の結合は高度に極性である.だから,このヒドロキシ基は水分子と水素結合して強く引力を及ぼす.たとえば,糖の溶解度が大きいのはヒドロキシ基の存在のためである.ヒドロキシ基を唯一の官能基としている有機分子は**アルコール**とよばれる.正常な生体の条件下ではヒドロキシ基は解離しない.

**カルボキシ基**(COOH)は炭素原子が酸素原子と二重結合で結合し(カルボニル基として),さらにヒドロキシ基とも結合している.カルボキシ基を唯一の官能基としてもつ有機分子は**カルボン酸**とよばれる.酢の中のエタン酸(酢酸)はその一つの例である.カルボキシ基が酸性(プロトン供与体)をもつ理由は,酸素と水素の間の結合が非常に高度に極性(炭素−酸素の二重結合の近くにあるので,なおいっそうその傾向は大きくなる)のため水素が遊離の $H^+$ として解離し(水と結合してオキソニウムイオンになり),カルボキシラートイオン(図63)を生じるということにある.

図 63 カルボキシ基の解離

カルボキシ基の解離定数 $K_a$ は次のように書ける．

$$K_a = \frac{[\text{RCOO}^-][\text{H}_3\text{O}^+]}{[\text{RCOOH}]}$$

RCOOH は弱酸として作用し，水が塩基になる．その結果生まれるカルボキシラートイオンは塩基（$\text{H}^+$ を受取れる）として働き，水は酸として作用する．

**アミノ基**（$-\text{NH}_2$）中の窒素原子は原子番号 7 番であり，その電子配置が $1s^2 2s^2 2p^3$ である．窒素原子が混成軌道をとると，三つの価電子（三つの $sp^3$ 混成軌道）ともう一つの $sp^3$ 混成軌道に孤立電子対が存在する．

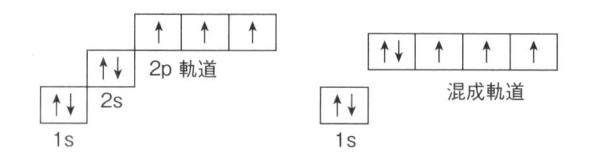

したがって，アミノ基では窒素原子は一つの孤立電子対をもつ．これは水からのプロトンと結合して，$-\text{NH}_3^+$ となる．$-\text{NH}_3^+$ は解離しうる（図 64）．

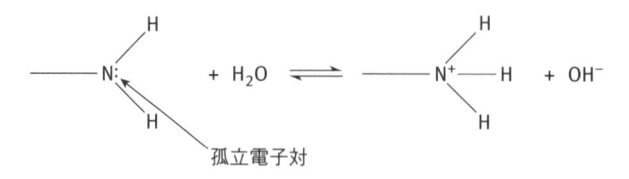

図 64 アミノ基のプロトン化

$\text{NH}_2$ 基は塩基として働き，水が酸として作用する．生じた $-\text{NH}_3^+$ 基は酸として働き，解離するとプロトンを水に対して失う．このときの水分子はプロトンを受容するので塩基である．

アミノ酸のアミノ基がプロトン化した形からプロトンを解離するのは、その基の $K_a$ 値を用いると次のように表される.

$$RNH_3^+(aq) + H_2O(l) \rightleftharpoons RNH_2(aq) + H_3O^+(aq)$$

$$K_a = \frac{[RNH_2][H_3O^+]}{[RNH_3^+]}$$

## 7・10 アミノ酸

アミノ酸の一般構造式は図 65 に示されている. すべてのアミノ酸はアミノ基とカルボキシ基とをもつ. これらは両方とも生理的な pH (pH 7) で荷電している. しかしながら, タンパク質中ではアミノ酸はペプチド結合の形成で連

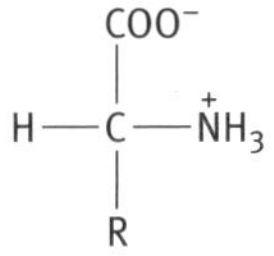

図 65　生理的 pH におけるアミノ酸の一般構造式

結されているので, これらの荷電基は実効的にはなくなっている. しかしながら, R 基は各アミノ酸に特異的な構造をしている. R 基には極性, 酸性, 塩基性, 非極性（疎水性）などがある. アミノ基の R 基, したがって, タンパク質の R 基はタンパク質分子内相互作用（その結果タンパク質分子の三次元の形態が決まる）, タンパク質分子間同士の相互作用, そして他の生体分子との間（酵素と基質との間など）の相互作用の性質を決めるうえできわめて重要な位置にある.

> **発　展**
> ペプチド
> 結　合
> (p.28)

カルボキシ基とアミノ基は, アミノ酸の側鎖にもよくみられる. これらの基の $pK_a$ は生理的な pH の pH 7 では, それぞれカルボン酸塩（$COO^-$）およびプロトン化したアミノ基（$NH_3^+$）となっているものがほとんどであるような値をもつ.

たとえば, グルタミン酸は側鎖 (R 基) にカルボキシ基をもつ. この $pK_a$ は 4.25 で, 生理的な pH では解離していて, 負の電荷を担っている.

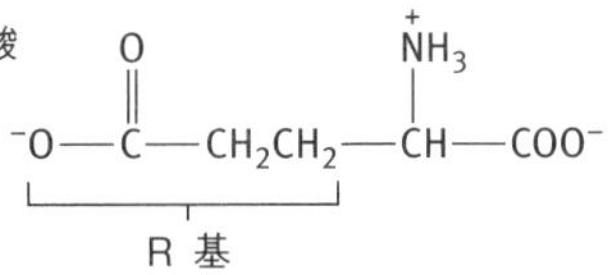

リシンは側鎖（R 基）にアミノ基をもち，その $pK_a$ は 10.53 である．これは生理的な pH ではプロトン化していて，正の荷電を担っている．

$$\text{リシン} \quad \overset{+}{H_3}NCH_2CH_2CH_2CH_2\underbrace{\phantom{XXXXXXXXXXXXX}}_{\text{R 基}}-\overset{\overset{+}{N}H_3}{CH}-COO^-$$

> **要点メモ**
>
> $pK_a$ の値と荷電状態の関係．解離基の $pK_a$ より低い pH では，その基はプロトン化している．だから，生理的な pH 7 では，カルボキシ基は解離し（$COO^-$），アミノ基はプロトン化している（$NH_3^+$）．

## 7・11 細胞の pH の調節

**発展**
生体の
緩衝液
(p.96)

生理的な pH は中性付近，約 pH 7.4 である．pH が変化すると生体分子の構造や活性に劇的な影響が生じうる．生物にとって，明らかに重要なことは生物内の pH が調節できることである．つまり，pH 変化を起こそうとするものに抗して，緩衝作用をもつことが必要である．

> **対数についてのメモ**
>
> pH 尺度は，溶液中の $H^+$ の濃度を表現するための対数尺度である．代数では小数点以下は負の指数で表すことができることを思い出してほしい．$1/10$ は $10^{-1}$ である．同様に，$1/100$ は $10^{-2}$ だし，$1/1000$ は $10^{-3}$ などなどである．対数とはある数（通常は 10）に対する指数のことである．たとえば，log 10（"10 の対数は" と言ったり，"ログ 10 は"，と言ったりする）= 1（なぜなら，10 は $10^1$ と書けるから）．log $1/10$（あるいは $10^{-1}$）= $-1$．pH は $H^+$ の濃度を表すもので，$H^+$ の濃度のログ（log）にマイナスを掛けたものである．もし，水の pH が 7 であるとしたら，$H^+$ の濃度は $10^{-7}$ M あるいは $1/10000000$ M となる．胃の壁細胞から分泌される塩酸（HCl）のような強酸の場合だと，$[H^+]$ は $10^{-1}$ M である．その pH は 1 となる．

## 7·12 まとめ

1. 水は双極性分子で,容易に他の水分子と水素結合する.
2. 水の解離,自己イオン化,により,オキソニウムイオン($H_3O^+$)と水酸化物イオン($OH^-$)が生じる.
3. 水の解離度は平衡定数で決まる.平衡定数は解離イオンの積の非解離分子に対する比である.水の濃度は圧倒的に大きくて,一定とみなせるので,平衡定数に水の濃度を掛けたイオン積 $K_w$ が一定となる.

$$K_w = [H^+][OH^-]$$

4. 酸とは解離により,水素イオン$[H^+]$を産生する物質であると定義される.塩基とは溶媒の水からプロトン $H^+$ を引抜いて,水酸化物イオン $OH^-$ を残すことのできる物質と定義される.
5. pH 尺度は対数尺度で溶液の pH の定義は次のようになる.

$$pH = -\log[H^+]$$

6. 弱酸とはその一部だけが水と反応して,溶液中にオキソニウムイオンを生じる物質である.弱塩基とはその一部が $H_2O$ と反応して $OH^-$ を溶液中に生じるものである.
7. 弱酸の解離定数 $K_a$ の値は小さい数値になるので,しばしば $pK_a$ [解離定数の $-\log$] として表す.

$$pK_a = -\log K_a$$

8. 
$$pH = pK_a + \log\frac{[塩基]}{[酸]}$$

と表した式のことをヘンダーソン-ハッセルバルヒの式という.これを用いると緩衝液の pH を計算したり,一定の pH での共役酸と塩基の濃度比を求めたりできる.

9. カルボキシ基およびアミノ基は生体分子ではよくみられる官能基である.これらは生理的な pH ではそれぞれ解離し,プロトン化している.

## 7・13 自己診断テスト

解答は 164 ページ.

**問 7・1** 二つの隣合った水分子が，以下の図のように並ぶことはあまりなさそうであるのはなぜか.

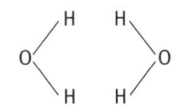

$$\begin{array}{c} \text{H} \quad \text{H} \\ \text{O} \qquad \text{O} \\ \text{H} \quad \text{H} \end{array}$$

**問 7・2** (a) 酸の簡単な定義をしなさい.
(b) 強酸と弱酸の違いは何か.
(c) pH 尺度とはどのような尺度か.
(d) pH 9 の塩基性溶液に比べて，pH 4 の酸性溶液中では水素イオンはどのくらい多いか.

**問 7・3** (a) 強酸，HCl の 0.05 M 溶液の pH はいくらか.
(b) pH 6.2 溶液の [$H^+$] はいくらか.

**問 7・4** エタン酸（酢酸）の平衡定数（$K_a$）は $1.8 \times 10^{-5}$ M に等しい. エタン酸の p$K_a$ はいくらか.

**問 7・5** エタン酸（酢酸）とエタン酸ナトリウム（酢酸ナトリウム）からなる緩衝液には 0.10 M の酸と 0.05 M の塩基が含まれていた. エタン酸の p$K_a$ が 4.75 であるとする. この緩衝液の pH はいくらか.

**問 7・6** トリスは弱塩基でしばしば生化学用の緩衝液として使用される. このものの p$K_a$ は 8.08 である. トリス塩基溶液に HCl を添加して pH を変えていった. 0.186 M トリス塩基, 0.14 M HCl からなるトリス緩衝液の pH はいくらか.

**問 7・7** X, Y, Z 分子の p$K_a$ は，それぞれ 4.2, 6.8, 8.2 である. このなかで最も強い酸はどれか. X, Y, Z 分子の 1 M 溶液中での [$H^+$] を求めなさい.

# ▶ 発　展

## 7・14 生体の緩衝液

化学反応の多くは反応溶液中の酸性度によって影響を受ける. ある特定の反応が起こるためには，あるいは適切な速度で反応が起こるには，反応液の pH

を制御する必要がある．生化学的な反応は特に pH に敏感である．生体分子の大部分は pH に依存して，荷電していたり，中性であったりするような原子団をもっている．これらが電荷をもっているか，いないかはその分子の生物学的活性に重大な影響を及ぼす．

すべての多細胞生物において，細胞の内部の流体および細胞を取巻く流体はほとんど一定の特徴的な pH をもつ．たとえば，健常なヒトの血液の pH は 7.35 から 7.45 で，顕著に一定である．一定に保たれているのは，血液にはたくさんの緩衝作用をもつ物質があり，酸性，塩基性の代謝産物がひき起こす pH 変化作用に対抗して保護する緩衝能があるからだ．生理学的観点からは +0.3 あるいは -0.3 の pH 変化は限度を超えている．

この pH はさまざまな方法で維持されている．最も重要な方法の一つは緩衝系である．実験室では緩衝液は弱酸とその塩の溶液の組合わせによって調製することが典型的な方法である．たとえば，エタン酸（酢酸）とエタン酸ナトリウム（酢酸ナトリウム）の緩衝系をとりあげてみよう．溶液中ではエタン酸ナトリウム（$CH_3COO^-Na^+$）はイオン化して，エタン酸の共役塩基 $CH_3COO^-$ を生じる．

この溶液中に存在している平衡を表す式は次のようになる．

$$CH_3COO^- + H_3O^+ \rightleftharpoons CH_3COOH + H_2O$$

緩衝作用は $H_3O^+$（$H^+$）あるいは $OH^-$ が外から入ってきたとき，それらを除くことにより働く．

緩衝系はルシャトリエの原理に従う．すなわち，**平衡にある系に力がかかると，その系はその力を緩和するように調整される**．

ゆえに，水素イオンが添加されると，それらは塩基と結合して，共役酸（弱酸）を形成する．

$$H_3O^+ + CH_3COO^- \rightleftharpoons CH_3COOH + H_2O$$
（この平衡は右側へ動く）

もしも，水酸化物イオンが加えられたときは，弱酸は解離して，$H^+$ を供与し，これが $OH^-$ と結合して，$H_2O$ を生じる．

$$CH_3COOH + OH^- \rightleftharpoons CH_3COO^- + H_2O$$
（この平衡は左側へ動く）

どちらの場合も，$H^+$ の濃度も $OH^-$ の濃度もはっきり見えるほど変化しないから，pH が大きく変化することはない．このように緩衝液は pH が実質的に変化するのに抵抗することができる．

生体の緩衝系には重要なものが二つある．一つはリン酸緩衝液で，もう一つは炭酸緩衝系である．

1. **リン酸二水素/リン酸水素系**はすべての細胞の内部液で作用している．この緩衝系はリン酸二水素イオン（$H_2PO_4^-$）を水素イオンの供与体（供給側，酸）として，そして，リン酸水素イオン（$HPO_4^{2-}$）を水素イオンの受容体（塩基）としている．これら二つのイオンは互いに平衡にあるが，その化学反応式は次のようになる．

$$H_2PO_4^- + H_2O \rightleftharpoons H_3O^+ + HPO_4^{2-}$$

もしも，余分の水素イオンが細胞液の中に入ってくると，これらは $HPO_4^{2-}$ と反応して消費される．平衡は左側にずれる．もしも余分の水酸化物イオンが細胞液の中に入っていると，それらは $H_2PO_4^-$ と反応して $HPO_4^{2-}$ を産生し，平衡は右側へ移動する．

この緩衝液が pH の変化に対して緩衝作用がどのように働いたのかをみることができる．ではなぜ中性 pH でもそのようにうまくいくのか．

ある pH での化合物の緩衝作用能力はその化合物がその pH でプロトン（$H^+$）を受取ったり，放出したりすることがどのくらい容易に行えるかによって決まる．このため，ある pH でたくさんのプロトンを受取ったり，与えたりの両方ができる化合物はどれでもその pH で有能な緩衝作用をもつものとなる．

この平衡に対する平衡定数は次のようになる．

$$K_a = \frac{[H_3O^+][HPO_4^{2-}]}{[H_2PO_4^-]}$$

そして，$pK_a$（$H_2PO_4^-$ の解離に対するもの）は 7.21 である．言い換えると，この系がプロトンを受取ったり，与えたりするのに最も効果的な pH は pH 7.21 である．緩衝液はその $pK_a$ の値の近くの pH を維持するのに最も効果的である．哺乳類では，細胞内の液の pH は 6.9 から 7.4 の範囲にある．したがって，リン酸二水素緩衝液はその領域に pH を維持するうえで効果的である．

**2. 炭酸/炭酸水素系**: 緩衝作用がpHを保つうえで重要な役割を果たしているもう一つの生体液は血漿である. 血漿のpH緩衝能は炭酸/炭酸水素イオン平衡により果たされている. この緩衝液では, 炭酸 ($H_2CO_3$) が水素イオンの供与体 (酸) で, 炭酸水素イオン ($HCO_3^-$) が水素イオン受容体 (塩基) である.

$$H_2CO_3 + H_2O \rightleftharpoons H_3O^+ + HCO_3^-$$

この緩衝液はリン酸緩衝液と同じ方法で機能している. 余計の$H^+$は$HCO_3^-$によって消費され, 余計な$OH^-$は$H_2CO_3$によって消費される. この平衡の$K_a$の値は体温で$7.9 \times 10^{-7}$ mol L$^{-1}$であり, p$K_a$は6.1である. 血漿中では, 炭酸水素イオンの濃度は炭酸の濃度の約20倍である. したがって, 血漿のpH (血漿のpHは7.35から7.45の間の領域にある) が過剰に変化することに抵抗するうえで, 十分な緩衝能をもつ.

前に見たように, 生体分子は解離しうる能力がある官能基をもっている. よく知られたものではカルボキシ基とアミノ基などがある. だから, タンパク質 (これはアミノ酸の高分子である) に緩衝作用があると予想できる. 実際, その作用がある. 事実, アルブミン (血漿中) およびヘモグロビン (赤血球内) は体内で, 緩衝作用の最大のプール (貯蔵) を構成している. これまで述べてきたように, 化合物の良好な緩衝作用はp$K_a$値に近いpHである. タンパク質は構成アミノ酸の側鎖の解離基のp$K_a$に近いpHの値のところで, 緩衝作用をもつ. アミノ酸の側鎖のかなりの部分はカルボキシ基とアミノ基である. 正常な生理的条件下ではpHは7近くであり, これらの基の緩衝能は無視できるほどしかない. 以下に示した表からわかるように側鎖のカルボキシ基のp$K_a$はだいたい4.0 (アスパラギン酸, グルタミン酸) だし, アミノ基では10から13である (リシン, アルギニン). しかしながら, 中性付近にp$K_a$の値を側鎖に

| アミノ酸 | R基のp$K_a$ |
| --- | --- |
| アルギニン | グアニジル基 13.2 |
| アスパラギン酸 | カルボキシ基 3.65 |
| グルタミン酸 | カルボキシ基 4.25 |
| ヒスチジン | 5.97 |
| リシン | アミノ基 10.53 |

もつアミノ酸が一つある．ヒスチジンである．

中性 pH ではヒスチジンの側鎖のイミダゾール環中の窒素原子の一つは次のような平衡にある．

$$=N^+H \rightleftharpoons =N + H^+$$

言い換えると，中性 pH でアルブミンやヘモグロビンのようなタンパク質が緩衝作用をもつのはヒスチジンがあるためである．

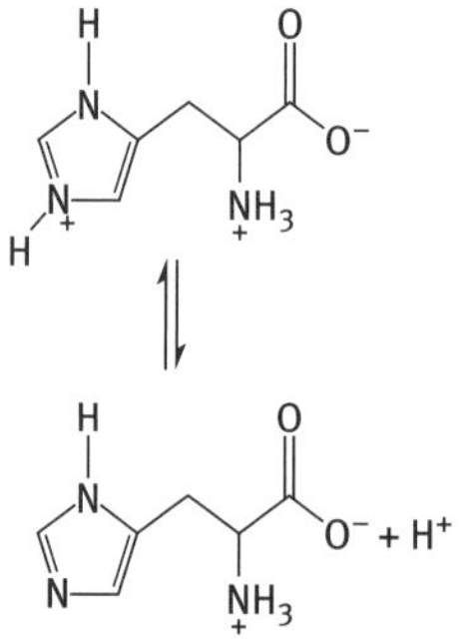

図66　ヒスチジンのイミダゾール環上の窒素の解離

# 8 反応する分子とエネルギー

> **基本概念**
>
> エネルギーは生物系で，中心となる概念である．細胞は食べ物からエネルギーを取出すような反応過程をもっている．これで得たエネルギーを用いて生体は活動する．この章では細胞がどのようにしてエネルギーを獲得し，反応が起こるために必要なエネルギー障壁を乗り越えるにはどのようにしているか，そして，自由エネルギーの概念と熱力学の法則を学ぶ．

すべての生き物はさまざまな生化学過程の遂行にエネルギーを必要とする．その生化学過程には分子の輸送，分子の生合成，pH あるいは浸透圧の維持，細胞運動が含まれるが，それ以外もある．動物はみな化学合成独立栄養生物（物質の酸化によりエネルギーを得る生物のこと）である．動物がエネルギーを得るのは，分子を分解することによる（異化代謝）．このエネルギーの多くを用いて，新しい分子を合成する（同化代謝）．後者は前者に依存している．これらの二つの過程をうまく管理することが代謝に成功する鍵である．

> **要点メモ**
>
> カロリーもジュールもエネルギーの単位である．1 カロリー（cal）とは水 1 g を温度 1 ℃ 上げるに必要なエネルギーあるいは熱の量である．1 カロリー（cal）のエネルギーは 4.184 ジュール（J）のエネルギーの値と等しい．栄養のカロリー（Cal）＝1000 cal＝4.184 kJ

## 8・1 分子からエネルギーを得る

原子が共有結合を形成して分子となるとき，エネルギーが放出される．生成された分子のエネルギーは反応した分子のエネルギーより小さい．これが原子間に共有結合が生じる理由である．すなわち，より低いエネルギーに到達して，より安定な状態になる．たとえば，水素と酸素の間の共有結合など，化学結合

が特定されるとどんな結合であっても，それを壊すのに必要なエネルギー量は結合が形成されるときに放出されるエネルギー量と正確に等しい．このエネルギーのことを**結合エネルギー**（あるいは結合解離エネルギー）とよぶ．結合エネルギーは共有結合を均等に(中性の断片へと)分解するのに必要なエネルギーである．結合エネルギーは $kJ\ mol^{-1}$ あるいは $kcal\ mol^{-1}$ の単位で与えられるのが一般的である．ある決まった特定の結合に対しては結合解離エネルギーとよばれるのが一般的である．あるいは多種類の化合物の中にある一つの種類の結合についての場合は平均結合エネルギーという．

---

**要点メモ**

平均結合エネルギー，$\Delta H_B$ はある種類の化学結合1モルを切るのに必要な平均のエネルギーのことである．たとえば，$\Delta H_B(O-H)=463\ kJ\ mol^{-1}$

---

次にメタンの酸化反応をとりあげよう．

$$CH_4\ +\ 2O_2\ \longrightarrow\ CO_2\ +\ 2H_2O\ +\ 熱$$

この反応全体が進行すると熱エネルギーが生じるので，これは**発熱反応**である．この反応二つの側面を見てみる．この反応式の左側は共有結合が切れており，これが起こるにはエネルギーが供給される（最初は，スパークか炎）必要があり，したがって，反応のこの部分は**吸熱**である（エネルギーが吸収される）．この反応式の右側では共有結合が形成され，したがって，エネルギーが放出される．

---

**要点メモ**

共有結合は原子の間で，電子を共有して形成される．電子を共有し合って，外殻エネルギー準位を満たして，原子はもっと安定な状態，すなわち，より低いエネルギーの状態に到達する．したがって，共有結合が形成されるときはエネルギーが放出され，結合が切れるときはエネルギーが吸収される．

---

公表されている，結合エネルギーの表を用いると，この反応のエネルギー収支を構築できる（$\Delta H_B$＝結合エネルギー）．

次ページの表に示すように，反応全体では発熱で，1モルの $CH_4$ につき，698 kJ を放出する．プラス符号の場合は反応にエネルギーを投入することにな

り，マイナス符号の場合は反応からエネルギーが放出されることになる．

| 入るエネルギー | | |
|---|---|---|
| 四つの C-H 結合を切断するエネルギー | $4 \times \Delta H_B$ (C-H) | +1648 kJ |
| 二つの O=O 結合を切断するエネルギー | $2 \times \Delta H_B$ (O=O) | +992 kJ |
| | | = +2640 kJ |
| 出ていくエネルギー | | |
| 二つの C=O 結合を形成するエネルギー | $2 \times \Delta H_B$ (C=O) | −1486 kJ |
| 四つの O-H 結合を形成するエネルギー | $4 \times \Delta H_B$ (O-H) | −1852 kJ |
| | | = −3338 kJ |
| エネルギー収支 | | −698 kJ |

## 8・2 分子を反応させるには？

一つの分子が別の分子と反応するにはまず分子同士が衝突する必要がある．反応する分子は十分なエネルギーをもって，一つ以上の共有結合が切れるような正しい方向に衝突する．この反応（すなわち，一つ以上の共有結合を切る）を始めるのに必要なエネルギーのことを**活性化エネルギー** $E_a$ という．これは反応が起こるために必要な最小量のエネルギーである．

> **要点メモ**
>
> 反応の活性化エネルギー $E_a$ は反応が起こるのに必要な最小量のエネルギーである．この値は一定の反応には一定の値となる．

反応する分子が**遷移状態**へ移行するにはエネルギーが高まる必要がある．化学では反応系に熱を与えることが，分子を遷移状態へと高める一つの方法である．この結果，衝突が成功する分子数が増し，反応の速度が大きくなる．もう一つの方法は反応が起こるための別のルートで，活性化エネルギーの低い道を与えるものである．この別のルートは**触媒**によって与えられる．

## 8. 反応する分子とエネルギー

> **要点メモ**
>
> 触媒とは反応速度は変えるが，それ自身は反応で消費されることはない．これがうまくいくのは，反応の機構が異なり，$E_a$ 値も違っているからである．

これらの様子を反応過程のエネルギー変化の図に要約できる（図 67）．

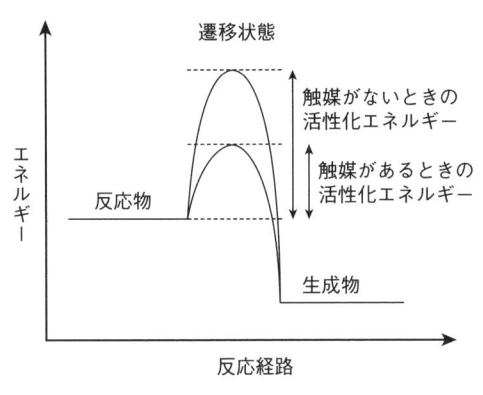

**図 67 エネルギー変化のグラフ**

反応物が反応を開始するには，最小限のエネルギー量，活性化エネルギー，によって高められて遷移状態へといく必要がある．触媒の存在下では活性化エネルギーはより小さいので，反応を開始するために供給する必要なエネルギーは少なくなる．

反応全過程としては発熱反応であろうが，吸熱反応であろうが，すべての反応は活性化エネルギーを必要とする．図 68 では発熱反応（A）と吸熱反応（B）の二つのエネルギー図を示している．

反応 A では，生成物のエネルギー含量は反応物のそれより少ない．全反応過程としては，エネルギーが放出されているはずである．すなわち，反応は発熱である．反応 B では，生成物のエネルギー含量は反応物のそれより高いので，全反応過程としてはエネルギーは吸収されている．反応は吸熱である．

A. 発熱反応　　　　　　　　B. 吸熱反応

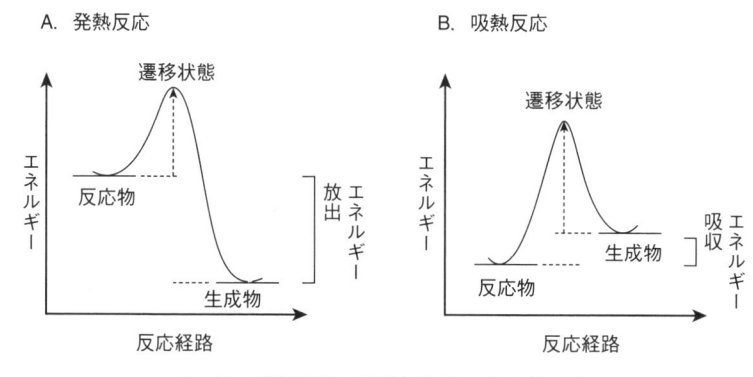

図 68　発熱反応，吸熱反応のエネルギー図

> **要点メモ**
>
> 発熱反応では熱エネルギーが系の外側の環境へ放出される．反応混合液は通常温まる．吸熱反応は熱エネルギーが系の外側の環境から取込まれる．反応混合液は通常冷える．

生物内の酵素は触媒のように，反応経路として別のルートを供与して，反応の活性化エネルギーを低くする．

## 8・3　エネルギー，熱，仕事: 熱力学の基礎用語

すべての生き物はエネルギーがたえず供給されることが必要である．その代謝はエネルギーを熱へと変換するのである．熱は周囲環境へ散逸される．細胞の生化学的装置の大部分はエネルギーの獲得と利用に費やされる．**熱力学**（ギリシャ語で *therme* ＝熱，*dynamis* ＝力）はエネルギーのさまざまな形態の互いの関係を記述する科学である．

生体系は複雑ではあるが，熱力学の基本法則に従っている．

熱力学では系（注目する対象）および周囲環境（系以外の宇宙のすべて）という術語を用いる．系が細胞であることは多いが，生体高分子であったり，分子だったりすることもある（基本的な熱力学の法則は系が生きていようが死んでいようが適用される）．

熱力学の最初の二つの法則は次のように述べることができる．

- 第一の法則は，宇宙の全エネルギーはいつも保存される．エネルギーはさまざまな形に転換されるかもしれないが，エネルギーを生み出したり，破壊したりはできない．系が失ったエネルギーは周囲環境が得ているはずであるし，また逆もいえる．
- 熱力学の第二の法則は，宇宙は秩序のなさが最大になる方向に進むという現象を表したものである．すなわち，すべての自然に起こる過程が進む方向は系プラス周囲環境のエントロピーを増大させる．これは単に物質は，そのまま放置されている状態で自然に，もっと秩序だった方に動いていくことはないという常識と関係がある．

> **要点メモ**
> エントロピー $S$ は系の無秩序さの尺度である．

　この法則はかなり抽象的にみえるかもしれないが，すべての物理，化学，生物の系で例外なく成り立つ．熱力学の法則が生物系の関係でもどんなに有効なものかは，実際われわれの使い方しだいである！　生体内の特定の過程が実際にどの程度起こりうるかを熱力学を用いて知ることができる．その過程はどちらの方向に進行しやすいかとか必要なエネルギーはどれほどかなどである．これらの過程，変化を標準状態で見積もることができる（付録4を参照）．

## 8・4　エンタルピー

　一定の圧力での反応(生物内で起こるさまざまな過程での場合はそうである)による熱の変化は**エンタルピー変化**，デルタ $H$（$\Delta H$）で与えられる．これまでみてきたように，ある系が熱を放出する反応は発熱過程である．その過程では $\Delta H$ の値は負である（負の値はその反応が熱を失うということを示すために用いる）．$\Delta H$ はエネルギー変化に遺漏のないことを確認するうえで助けになる．これが便利なのはその系の最初と最後の状態だけに依存した量であるからである．しかし，この値から反応がどちらに進みやすいかはわからない．自然に起こる多くの反応は発熱反応であるが，吸熱反応であるものもある．

> **要点メモ**
> 反応のエンタルピー変化は一定の圧力の下での熱の変化と等しい．これはモル当たりのジュールの単位で表される（$\mathrm{J\ mol^{-1}}$）．

> **要点メモ**
>
> 変化量については,ギリシャ文字のデルタ($\Delta$)が用いられる.エンタルピーおよびエントロピーについて絶対値を求めることはできないが,それの変化量は求められる.

## 8・5 エントロピー

系の**エントロピー** $S$ とはその系の無秩序さを表す量である.エントロピーの増大は正の $\Delta S$ で表される.すべての自然に起こる反応は注目している系と周囲環境とを合わせた全エントロピーの増加を伴う.これは熱力学の第二法則を表したものである.エントロピーはある過程の進む方向を示す強力な指標である.しかし,複雑な生物系でエントロピーを測定するのはきわめて困難である.

生命系はその周囲環境とエネルギーのやりとりを行っているので,エネルギーとエントロピーの変化の両方が起こっている.どちらも熱力学的に進みやすい方向を決めるうえで重要である.生命系でも外側の環境とエネルギーのやりとりを二つの方法で行っている.

・熱の移動
・周囲環境に仕事をする(あるいは仕事をされる)

すべての生命系は開放系である.開放系はエネルギーだけでなく,物質のやりとりも行う系である.エネルギーの出入りだけの系を閉鎖系という.

## 8・6 ギブズ自由エネルギーと仕事

**仕事**には多数の形がありうる.膨張(たとえば,肺が膨張する),電気的(たとえば,イオンの移動,神経インパルス),鞭毛の運動,筋肉の収縮など.エネルギーとエントロピーの両方を含む熱力学関数を必要とする.それは,どのくらい仕事がなされうるかを示す関数である.これにはいくつかあるが,生物学で最も重要なのは**ギブズ自由エネルギー**である.1878年,J. W. Gibbs(ギブズ)は熱力学第一法則と第二法則の両方を入れた熱力学量を考案した.この量に対して自由エネルギーという用語を導入し,Gibbs(ギブズ)の栄誉をたたえて,$G$ という略号で表す.

## 8. 反応する分子とエネルギー

> **要点メモ**
>
> ギブズ自由エネルギー $G$ とは，ある系が一定の温度と圧力の下で，仕事として使いうるエネルギー量である．

次の関係式で定義される．

$$\Delta G = \Delta H - T\Delta S \qquad \text{ここで，} T \text{ は絶対温度である}$$

生物学者は $\Delta G^{\circ\prime}$ の記号を用いて，生物の条件下での標準自由エネルギー変化を示す（p.172，付録4を参照）．

> **要点メモ**
>
> 絶対温度はケルビン単位（K）で表す．
> 　273 K = 0 ℃ ； −273 ℃ = 0 K

エンタルピー変化が負（$\Delta H$ が負，すなわち発熱反応）で，かつ，エントロピーが増大（$\Delta S$ が正）である場合は，$\Delta G$ 値は必ず負となる．$\Delta G$ が負となる過程は進行が優位の典型的な反応である．

$\Delta G$ が負の過程は**発エルゴン（エキサゴニック）過程**である．自由エネルギーが放出され，それは仕事に使用できる．

$\Delta G$ が正の過程は**吸エルゴン（エンダーゴニック）過程**である．反応が進むためには自由エネルギーが供与されないといけない．

生物学では $\Delta G$ は基本的に重要な量である．

- ある過程が起こるか，起こらないかを示す．
- 過程がどちらの方向へ向いて進行するかを示す．
- その過程がどのくらい平衡から離れているかを示す．
- この過程からどのくらいの役に立つ仕事が引き出しうるかを示す．

以下の三つの例は化学反応の方向性にどのくらいエンタルピーおよびエントロピーが寄与するかを示す．それぞれの場合で，計算した $\Delta G$ の値は負（反応は発エルゴン）である．したがって，それぞれ，どの場合でも反応は熱力学的に起こりうるものであり，図に示した方向の過程が起こるとき放出される自由エネルギーを仕事に利用しうると結論できる．

## 8・6 ギブズ自由エネルギーと仕事

**グルコースからエタノールへの発酵**

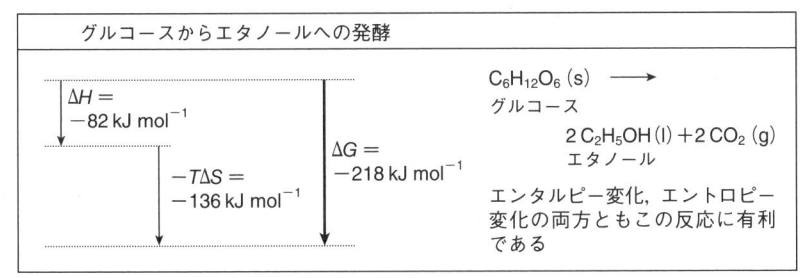

$\Delta H = -82 \text{ kJ mol}^{-1}$
$-T\Delta S = -136 \text{ kJ mol}^{-1}$
$\Delta G = -218 \text{ kJ mol}^{-1}$

$$C_6H_{12}O_6 (s) \longrightarrow 2 C_2H_5OH (l) + 2 CO_2 (g)$$
グルコース　　　　　　エタノール

エンタルピー変化，エントロピー変化の両方ともこの反応に有利である

$\Delta G = \Delta H - T\Delta S = (-82 - 136) \text{ kJ mol}^{-1} = -218 \text{ kJ mol}^{-1}$

**エタノールの酸化**

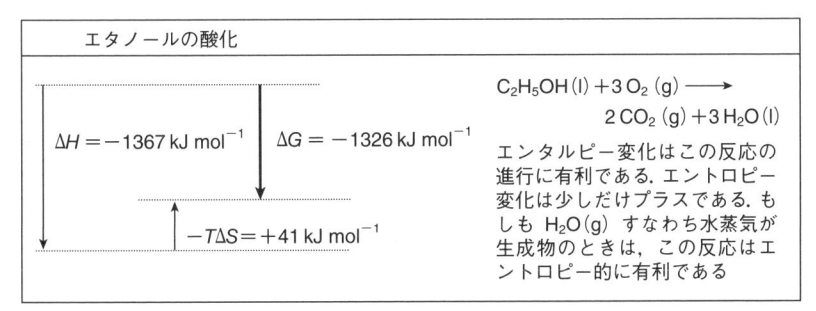

$\Delta H = -1367 \text{ kJ mol}^{-1}$
$\Delta G = -1326 \text{ kJ mol}^{-1}$
$-T\Delta S = +41 \text{ kJ mol}^{-1}$

$$C_2H_5OH (l) + 3 O_2 (g) \longrightarrow 2 CO_2 (g) + 3 H_2O (l)$$

エンタルピー変化はこの反応の進行に有利である．エントロピー変化は少しだけプラスである．もしも $H_2O (g)$ すなわち水蒸気が生成物のときは，この反応はエントロピー的に有利である

$\Delta G = \Delta H - T\Delta S = (-1367 - (-41)) \text{ kJ mol}^{-1} = -1326 \text{ kJ mol}^{-1}$

**五酸化二窒素の分解**

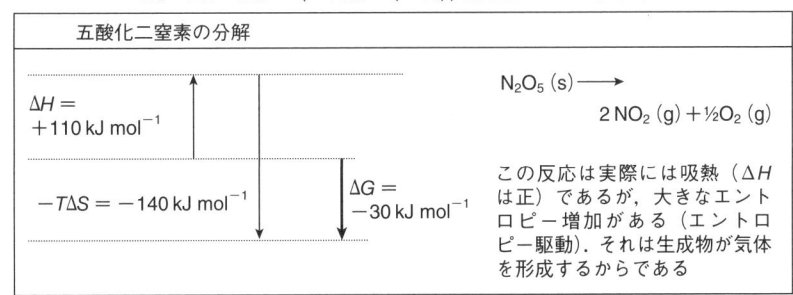

$\Delta H = +110 \text{ kJ mol}^{-1}$
$-T\Delta S = -140 \text{ kJ mol}^{-1}$
$\Delta G = -30 \text{ kJ mol}^{-1}$

$$N_2O_5 (s) \longrightarrow 2 NO_2 (g) + \tfrac{1}{2} O_2 (g)$$

この反応は実際には吸熱（$\Delta H$ は正）であるが，大きなエントロピー増加がある（エントロピー駆動）．それは生成物が気体を形成するからである

$\Delta G = \Delta H - T\Delta S = (110 - 140) \text{ kJ mol}^{-1} = -30 \text{ kJ mol}^{-1}$

　$\Delta G$ が正の生物過程はエネルギー消費である，あるいは吸エルゴンである．このような過程が起こるには強力な発エルゴン過程と**共役**しているときだけである．細胞は全体の過程としては発エルゴンになるように仕事をしなければならない．このようなカップリング（共役）機構は代謝過程の多くを理解するうえで鍵となる．生体分子の分解により放出されるエネルギーは他の分子の生合成に必要なエネルギーを供給するために用いられる．この章の初めに述べたように，同化作用は異化作用に依存している．これら二つの作用をうまく取入れることが代謝管理の成功に結びつく．

## 8・7 生物反応でのエネルギー変化

　もう一つの発熱反応，水素の酸化を考えよう．もし，水素と酸素の混合物に点火する（スパークは必要な活性化エネルギーを与える）と，結果は劇的な爆発となる．この化学反応の式は

$$2\,H_2(g) + O_2(g) \longrightarrow 2\,H_2O(l)$$

で示される．そして，爆発からわかるように，エネルギーが放出される．事実，エネルギー変化は$-447\,\text{kJ mol}^{-1}$である．

> **要点メモ**
> 
> 　細胞は仕事をしないといけない．仕事をするには，発エルゴン過程に吸エルゴン過程を組合わせて行う．

　このとき放出されるエネルギーはどこへ行くのであろうか？　この場合は熱および音として散逸される．生物の系ではこのような過程で放出されるエネルギーを有効に利用できるような制御方法を身につけている．一見すると，この化学反応は生物学的なこととは関係ないようにみえるかもしれない．しかし，実際には，この反応は生命の中心で起こっている反応のよいモデルである．

　細胞内の小器官（オルガネラ）であるミトコンドリアは上記と似た反応をして，自由エネルギーを確保する．ミトコンドリアはグルコースのような有機分子から除いた水素原子と呼吸によって取入れた酸素原子とから，水をつくる．この過程のことを**細胞呼吸**という．細胞呼吸は結果として，大きな負の$\Delta G$のもととなる．

　反応の全体は

$$C_6H_{12}O_6 + 6\,O_2 \longrightarrow 6\,CO_2 + 6\,H_2O \quad (2875\,\text{kJ mol}^{-1}\text{が放出される})$$

　このエネルギーをうまく利用すると仕事として使えるようにできる．ミトコンドリアは各小さい段差で放出される$\Delta G$を用いて，吸エルゴン反応を駆動する．つまり，ATP（アデノシン三リン酸）の合成である．ATPは細胞のエネルギー通貨である．ATPの分解で放出される自由エネルギーを今度は他の吸エルゴン反応を推進するのに使うことができる．この方法は，細胞が異化作用（分解代謝）に由来する自由エネルギーを利用して，多くの場合不利な同化反応を駆

動するうえでのおもな戦略となっている．ミトコンドリアの成功は放出される自由エネルギーを利用して仕事をするという事実にあるのであって，等価な化学反応の場合のように，単に熱として喪失するものではない．この戦略については"発展：自由エネルギーと代謝経路"および 10 章のところで，さらに前に進める．

共有結合を切断するにはエネルギー（結合エネルギー）が必要であることをみてきたが，反応によっては正味でエネルギーを放出するものもある（発熱で発エルゴン）．放出される，このエネルギー（自由エネルギー）の一部を用いて（共役させて）仕事をしたり，吸エルゴン反応を推進したりできる．さまざまな細胞内での過程についてのエネルギー変化はこれらの過程がどのくらい容易に起こるのか（熱力学的にどのくらい実現しうるのか），どちらの方向にこれらの過程が進んでいくのか，またエネルギーを供給するのか，それともエネルギーを必要としているのかを示す指標となる．ただし，このようなことがわかったからといっても反応がどのくらい速く進むかを数量的に示すことはできないし，最後まで進むかどうかもわからない．実際，反応の分子機構についてはほとんど何も教えてくれない．このような情報は**速度論**についての学習を介して得られるもので，これについては 9 章で学ぶ．

## 8・8 まとめ

1. 結合解離エネルギーは共有結合が切れるのに必要なエネルギーである．このエネルギーは結合を切るために供給される必要があるものである．同じ結合が形成されるときは，同じ量のエネルギーが放出される．
2. 化学反応は発熱（エネルギーが放出される．$\Delta H$ が負）のこともあれば，吸熱（エネルギーが吸収される．$\Delta H$ が正）のこともある．
3. 反応物を活性化するには反応する分子にエネルギーが供給されないといけない．このエネルギーのことを活性化エネルギー $E_a$ という．
4. 活性化エネルギーは反応物分子を一つ以上の遷移状態へ上げる．
5. 触媒とは，通常より低い活性化エネルギーの新たな反応経路を提供するものである．
6. すべての生物の系は熱力学の基本法則に従う．エネルギーは変換されることはあるが，新しくつくったり，壊したりすることはできない．自然に起こる過程では系と環境を合わせた"秩序の乱れ"は増大する．
7. エンタルピー変化（$\Delta H$）は熱量の変化で，エントロピー変化（$\Delta S$）は秩

序の度合いの変化であるが，これらとギブズの自由エネルギー変化（$\Delta G$）との関係は $\Delta G = \Delta H - T\Delta S$ の式で表される．
8. 反応の推進には，エンタルピー駆動とエントロピー駆動とがある．
9. $\Delta G$ は生物学にとって基本的に重要である．$\Delta G$ はその過程が実現可能であるかどうか，過程の方向性，その過程の到達度，その過程を仕事に利用できるかどうかを示す量である．
10. $\Delta G$ が負であることは発エルゴン反応であり，その自由エネルギーを使って仕事をしうることを示している．$\Delta G$ が正であることは吸エルゴン反応でこの反応が進むためにはエネルギーが供給されねばならないことを示している．
11. 生物の過程では吸エルゴン過程は発エルゴン過程と共役し，発エルゴン過程からの自由エネルギーを使って，吸エルゴン過程を推進する．

## 8・9　自己診断テスト

解答は 165 ページ．

**問 8・1**　次の解答で正しいのはどれか．
細胞は熱を使って仕事をすることはできない．その理由は？
(a) 熱はエネルギーではないから．
(b) 細胞には熱があまりないから．
(c) 温度は通常細胞内ではどこでも同じだから．
(d) 熱を仕事に使うことはできないから．
(e) 熱は酵素を変性させるから．

**問 8・2**　次にあげる過程のうち，他の過程からのエネルギーの流入なしで，起こりうるものはどれか．
(a) $ADP + P_i \longrightarrow ATP + H_2O$
(b) $C_6H_{12}O_6 + 6\,O_2 \longrightarrow 6\,CO_2 + 6\,H_2O$
(c) $6\,CO_2 + 6\,H_2O \longrightarrow C_6H_{12}O_6 + 6\,O_2$
(d) アミノ酸 $\longrightarrow$ タンパク質
(e) グルコース ＋ フルクトース $\longrightarrow$ スクロース

**問 8・3**　次のうちのどの解答が正しいか．
酵素が代謝反応を加速するのは
(a) 反応全体の自由エネルギーを変えることによる．
(b) 吸エルゴン反応が自然に起こるようにすることによる．
(c) 活性化エネルギーを下げることによる．

(d) 反応を平衡からずらすことによる．
(e) 基質分子をより不安定にすることによる．

**問 8・4** 発エルゴン反応および吸エルゴン反応というのは何を意味するか説明しなさい．

**問 8・5** グルコースを酸化して二酸化炭素と水にするときの反応（グルコース ＋ 酸素 ⟶ 二酸化炭素 ＋ 水）のエンタルピー変化，$\Delta H$ は $-2807.8$ kJ mol$^{-1}$ で，自由エネルギーの変化 $\Delta G$ は $-3089.0$ kJ mol$^{-1}$ であることがわかった．
(a) 37 ℃における，1 モルのグルコース当たりのエントロピー変化 $\Delta S$ を計算しなさい．
(b) この反応が熱力学的に実際起こりうる可能性について，述べなさい．

# 発　展

## 8・10　自由エネルギーと代謝経路

生物の代謝は食べ物からエネルギーを取出して（異化代謝），そのエネルギーを用いて仕事をしたり，そのままでは進まない反応を推進するようにしたりして，うまくかみあわせている．この戦略の中心にあるのが細胞のエネルギー通貨といわれる **ATP**，**アデノシン三リン酸** である．次に ATP の構造を，ADP の構造とともにあげた．

ATP

リン酸基　リボース　アデニン

ADP

ATP 分子はアデニン塩基（これは DNA や RNA にもある）がリボース（これは RNA にもある）に結合したものに三つ連続してリン酸基が結合している．ATP の作用にとって，中心的な役割をもつのが三つのリン酸基である．熱力学的には ATP はどちらかというと不安定な分子である．三つのリン酸基は生理的な pH でも負の荷電をもっており，これらの負の荷電同士間には反発がある．これらのリン酸基のうちの一つ（あるいは二つ）が除かれると反発は減り，もっと安定な分子になる．ATP の酵素触媒による加水分解（加水分解とは水の添加のこと）でリン酸基の一つが除かれ，ADP（アデノシン二リン酸）が生じる．

$$ATP + H_2O \longrightarrow ADP + P_i （無機リン酸）$$

この反応は自然に起こり，高度に発エルゴン的である．すなわち，この反応で，大きな負の自由エネルギーが生じる．この反応の自由エネルギーの大きさは約 30.7 kJ mol$^{-1}$．生物は ATP の加水分解を**合わせて**使うことで，細胞内のエネルギーがないと進まない活動を推進する．このようなエネルギーを供給できる細胞内の分子は ATP だけではないが，ATP が主要な役割をしていることは確かである．進化の過程で，ATP に結合し，その加水分解を利用して吸エルゴン反応を推進させるような酵素が好まれて選択されたからであろう．

| ATP は細胞のエネルギー消費活動の多くのエネルギー源である | |
|---|---|
| 活　性 | 例 |
| 同化代謝反応 | タンパク質合成，核酸合成，多糖合成，脂肪合成 |
| 分子の能動輸送 | 生体膜を横断しての分子やイオンの輸送 |
| 神経インパルス | |
| 細胞の体積維持 | 浸透圧勾配の維持 |
| 分子へのリン酸基の付加 | タンパク質のリン酸化はその活性を変える |
| 筋収縮 | |
| 細胞運動 | 繊毛，べん毛，精子の運動 |
| 生物発光 | |

## 代謝経路

代謝経路はどれも一連の連続した変換反応から構成されている．最初の反応物から中間体を介して，最終生成物までに至る経路である．中間代謝物はさらに別の代謝経路にも関与している場合がある．生物内のたくさんの異なる代謝

経路をよくみると，いくつかの重要な共通点がある．

- すべての代謝経路は**一方向**に流れる．経路の中の個々の反応には，明白に可逆的なものもある．しかし，全体としては，代謝経路は一方向だけで，結果は生成物が**正味**として残る．
- どの代謝経路でも正味の自由エネルギー変化は負である．言い換えると，すべての代謝経路は熱力学的に生理的条件下で，実際に起こりうるものであり，特定の方向に進むことができる．

あとの方の点にもう少し考察を加える．異化代謝経路は食物から自由エネルギーを取出して，利用可能なものにするように設計されている．食物は必ず大きな負の自由エネルギーに関係しているので，一方向性の流れが実行される．では，同化代謝経路はどうであろうか．同化過程というのは熱力学的に不利であり，エネルギーを消費する．同化代謝をどうやって，熱力学的に可能にし，一方向性をもたせることができるであろうか．この答は高度に発エルゴンの反応（すなわちATPの加水分解）を熱力学的に不利な吸エルゴン反応に共役させることであると説明できる．詳細はさらにこれから検討してみよう．もちろん，同化代謝経路上の反応がすべてどれも吸エルゴンであるのではない．自由エネルギーを注入することで，経路全体の自由エネルギーを足し引きした，正味での値を負にすることで，実現を可能にしている．

考慮すべき点はさらにある．

- 代謝経路のいくつかは同一の酵素が正反応（分解）にも逆反応（合成）にも作用して触媒するのであるが，生物はつねに別々の，すなわち，一つは分解用に，もう一つは合成用というふうに，不可逆の経路を用いている．この戦略によって，細胞は代謝制御を駆使して，エネルギー要求のバランスをとっている．

上記の点をもう少し詳細に二つの細胞代謝経路，**解糖系**と**糖新生**について考えてみよう．

## 解糖系と糖新生

解糖系はグルコースの異化代謝である，酸化的分解反応系列の始めにある．解糖系は一方向性で，かつ発エルゴン性の強いものである．1分子のグルコースから，経路の終わりまでに，2分子のATPを産生する．この経路は生物が

全体としてエネルギーを維持するために必須の成分である．たとえば，骨格筋はエネルギーの大部分（ATPの形で）を解糖系から得ている．しかしながら，生物は，食物を摂取していないときは，グルコースを合成し，これを貯蔵し（グリコーゲンとして），エネルギー供給を絶えないようにしている（たとえば，脳はグルコースの供給がつねに必要である）．グルコースを合成するのは同化代謝過程で，これは糖新生経路を介して起こる（糖新生とは言葉通り，新しいグルコースの合成という意味である）．

## 解糖系

解糖系の代謝経路を図69に示す．

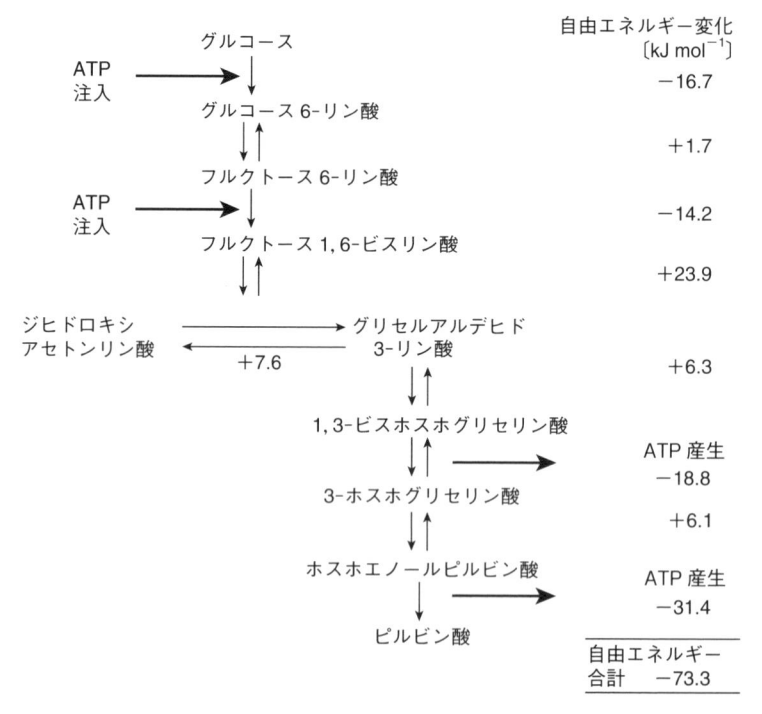

```
                    グルコース              自由エネルギー変化
                       │                     [kJ mol⁻¹]
   ATP ─────→          ↓
   注入              グルコース 6-リン酸         −16.7
                       ↑↓
                    フルクトース 6-リン酸        +1.7
   ATP ─────→          ↓
   注入              フルクトース 1,6-ビスリン酸   −14.2
                       ↑↓                     +23.9
   ジヒドロキシ ─────→ グリセルアルデヒド
   アセトンリン酸 ←──── 3-リン酸
                      +7.6                    +6.3
                       ↑↓
                    1,3-ビスホスホグリセリン酸
                       ↑↓      ────→ ATP 産生
                    3-ホスホグリセリン酸        −18.8
                       ↑↓                     +6.1
                    ホスホエノールピルビン酸
                       ↓       ────→ ATP 産生
                    ピルビン酸                 −31.4
                                          ─────────
                                          自由エネルギー
                                          合計  −73.3
```

図 69 解糖系での自由エネルギー変化

異化代謝であれ，同化代謝であれ，共通することであるが，たいていの代謝経路は，まず，最初に活性化される必要がある．解糖系での活性化はグルコースをリン酸化させ，グルコース 6-リン酸とすることである．この反応に

はエネルギーの注入が必要で，ATPの加水分解が共役している．ATP加水分解からの自由エネルギーはこの反応を正に推進する（ATP注入）．これでこの反応は大きな負の自由エネルギーを伴い，一方向性となる．このようにして不可逆となる反応のことはしばしば "呼び水段階"（committed step）とよばれる．フルクトース6-リン酸をフルクトース1,6-ビスリン酸へと変換するうえで，第二のエネルギーの注入が必要である．この場合も反応は一方向性で，ATPの加水分解に伴う大きな負の自由エネルギーが関与している．解糖系のような異化代謝経路では "エネルギー投資相" と "エネルギー分配相" を考えることができる．言い換えると，エネルギーを供給して，経路のキックスタートをすることで，その後のエネルギーの獲得が可能になる．解糖系では1モルのグルコースにつき，経路を前進させるには2モルのATPが必要である．一方，4モルのATPが後の二つの発エルゴン反応から回収される（1モルのグルコースから2モルのグリセルアルデヒド3-リン酸が供給される）．したがって，正味の収支はエネルギーの獲得となる．

　この経路で発エルゴン反応が続くことは一方向性を強めることになるが，本質的には可逆である反応も多数ある．ではなぜ反応が止まったり，あるいは逆に戻ったりしないのかと不思議に思うかもしれない．発エルゴンは一方向の反応であるので，この経路が逆に向くことはできない，少なくとも完全には．しかし，可逆反応であっても，反応生成物が迅速に酵素によって除かれ，平衡がたえずずれているので，反応は前向きの方へ引っ張られる．

## 糖新生

　糖新生の代謝経路を図70に示す．糖新生経路と解糖系とを横に並べて示してある．糖新生と解糖系を比較すると多数の反応が二つの経路で共通している（⟶ 記号で示してある）が，いくつかの反応は糖新生にのみ特有である（⟶● 記号で示してある）．

　糖新生に特有の三つの反応，**10, 3, 1** を図70に示してある．図71ではループとして強調してあるが，これらは解糖系で高度に発エルゴン段階であるものに相当する．これらの三つの解糖系の段階では簡単に逆反応は起こらないので，他の反応系でバイパスさせる必要がある．

　糖新生ではこれらのバイパス反応は特有の反応で達成されているのであるが，それぞれ反応を発エルゴンとし，一方向にするために，エネルギーの注入を必要としている．他の可逆反応は共通である．実際には二つの代謝経路は細

118 　8. 反応する分子とエネルギー

　胞内の別々に仕切った部位で起こっているので，別々に分けて行われる．
　糖新生全体の $\Delta G$ はエネルギーの注入のおかげで，負である（$-47.6\,\mathrm{kJ\,mol^{-1}}$）．解糖系全体では $\Delta G$ は大きな負の値になる（$-73.3\,\mathrm{kJ\,mol^{-1}}$）．この違いは解糖系では負の $\Delta G$ になることを達成するだけでなく，ATP を正味で産生しているのに対し，生合成反応としての糖新生経路では全体で負の $\Delta G$ を達成する

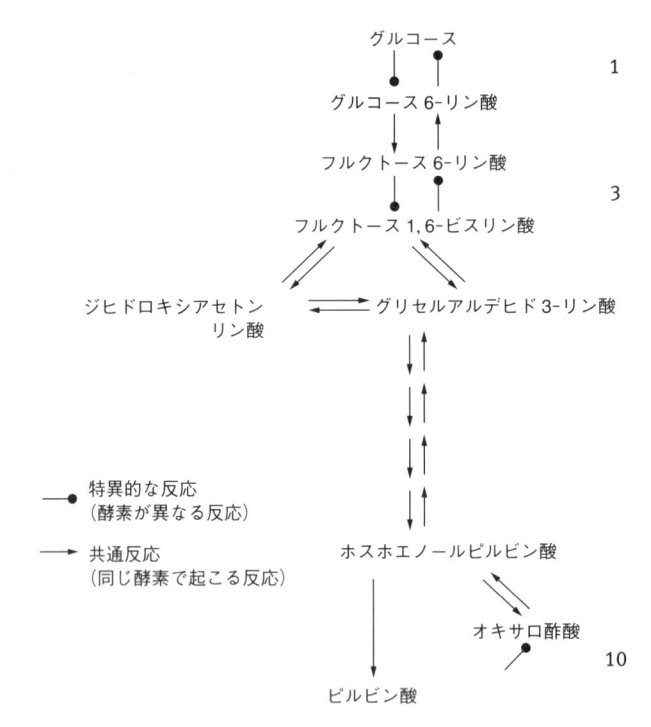

図 70　糖新生と解糖系の比較

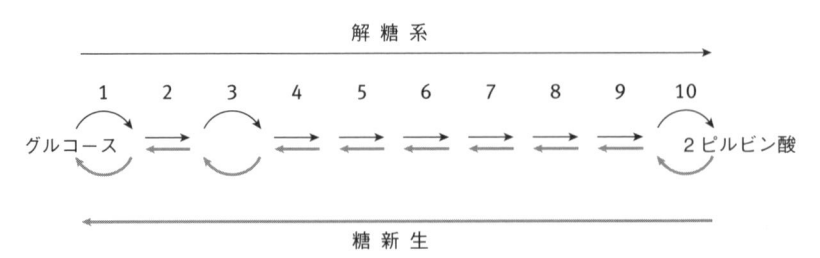

図 71　解糖系と糖新生での反応系列の比較

にはエネルギーの注入を必要としている（一部 ATP の加水分解を介して）．一方の経路は異化（分解）でエネルギー産生（解糖系）であり，他方は同化（合成）でエネルギー消費（糖新生）である．異化経路で産生した ATP から供給されるエネルギーを用いて同化経路を駆動している．

　解糖系と糖新生について考察したことからわかる生物の戦略は，細胞内のすべての代謝経路についてもあてはまることである．エネルギー注入は進むべき経路を踏むためには，一般に必要なことである．注入されるエネルギーは通常 ATP の加水分解により放出される自由エネルギーである．このことで，経路の全体についての $\Delta G$ が負になり，その経路の一方向性が確実になる．可逆反応を平衡からずらすために，生成物を速やかに除いたり，反応物を高い濃度にしたりすることがなされる．

# 9 反応中の分子と反応速度論

> **基本概念**
> 　細胞内で起こる，さまざまで，複雑な反応を上手に管理し，統合するには，それぞれの反応の制御，反応速度をいかに調節できるかによるところが大きい．速度論は酵素触媒反応の機構と制御を理解するうえで，強力な道具立てとなる．ここでは反応速度に影響を与える因子，反応の律速段階，平衡状態がどのように自由エネルギー変化と関係するかを考える．

　化学反応速度論は，化学反応が起こる速度および速度に影響する因子についての理論である．生物が生きているうえでは，反応速度はきわめて重要である．代謝経路が適切に働くには各反応が最適な速度で起こることが可能になっている必要がある．反応の速度は次の三つの重要な因子によって決まる．

1. **温 度**．温度が高ければ高いだけ，分子の運動は大きくなり，分子同士の衝突のエネルギーが大きくなればなるほど，活性化エネルギーに到達あるいは超える可能性が高くなり，反応が起こるようになる．高等動物は体温を制御している．だから温度が生化学反応に直接影響することの重要性は少し小さくなる．

2. **触 媒**．触媒とはそれ自身は変化することなく反応速度を大きく（あるいは小さく）するものである．酵素は生物学的な触媒である．高等動物の生理的な温度は低すぎもしないし，高すぎもしないようなバランスがとれている．ある程度温度が高いことは，反応速度を上げ，酵素触媒反応の進行を高める意味がある．しかし，温度が高すぎて，酵素分子タンパク質の構造が傷つくことがないように，適度に低くなっている．

3. **濃 度**．反応物分子がたくさんあればあるほど，単位時間当たりに分子が衝突する回数が増える．だから，反応速度はそれだけ大きくなる（より多数の生成物が形成される）．生化学経路では反応物および生成物の濃度は特に重要である．というのは酵素反応の多くはその触媒速度が代謝経路の中間代謝物などの濃度によって活性化されたり，阻害されたりするからで

ある（フィードバック阻害）.

　反応の速度は反応物あるいは生成物の濃度の時間変化で表すのが一般的である．たとえば，速度を1秒当たりに生成された生成物のモル数 mol s$^{-1}$，あるいは1秒当たりの生成物のモル濃度変化 mol dm$^{-3}$ s$^{-1}$ で表す．

　反応速度は次の式で表現される．

$$速度 = \frac{-\Delta [\text{R}]}{\Delta t}$$

ここで，$\Delta$ とは変化量を表し，[R] は反応物のモル濃度を表す．反応物の濃度は時間とともに減るだけであり，速度は正の値であるから，マイナス記号を式に入れてある．

　この反応の生成物が分子Pであるとすると，この反応の速度式として，1秒当たりの生成物濃度の変化として表すことができる．この場合の反応速度式は次のように表される．

$$速度 = \frac{\Delta [\text{P}]}{\Delta t}$$

この場合は，生成物が時間とともに増加するので，記号は正となる．

> **要点メモ**
>
> 反応の速度は通常，濃度の時間変化で表す．

## 9・1　速度式

　反応 $x\text{A} + y\text{B} \longrightarrow w\text{C} + z\text{D}$ を考えよう．速度式を反応物濃度の減少速度として書き表すことができる．

$$速度 = -k[\text{A}]^x[\text{B}]^y$$

あるいは生成物濃度の増加速度として書くと

$$速度 = k[\text{C}]^w[\text{D}]^z$$

$k$ は反応の**速度定数**である．速度定数というのは実は真の定数ではない．というのは反応の温度を変えたり，触媒を加えたりすると速度定数が変化するからである．速度定数は ある与えられた反応で，変化量が濃度だけのとき，定

数となる．これらの反応速度式では，$x$ 乗とか，$y$ 乗というのは**反応次数**で，それぞれ，反応物 A あるいは B についてのものである．反応次数というのは通常小さい整数値で 0, 1, 2 の値をとる．反応**全体**の次数は $x+y$ で与えられる．

> **要点メモ**
>
> 速度定数は，変化量が反応物の濃度だけというときにのみ真の定数となる．

**ゼロ次反応**においては，反応速度は反応物の濃度に依存しない．その意味で反応次数はゼロとなる．どんな数でもそのゼロ乗は 1 になる．だからゼロ次反応の速度は次のように簡単になる．

$$速度 = -k$$

ゼロ次反応というのは生物学では結構よくある．もし，酵素が基質で実質上飽和されていて，その最大速度で働いているとすると，反応物（基質）の濃度が少し上がろうが，下がろうが，反応の速度はほとんど変わらない．反応速度は酵素の効率だけで決まる．

**一次反応**の場合，反応速度は反応物の一方だけの濃度に依存する．そのときは，もし，反応が A についての一次であるとすると，速度 $= -k[\text{A}]$ となる．したがって，もしも，A の濃度を 2 倍にすると，反応速度も 2 倍になる．

**二次反応**については二つの場合を考える必要がある．第一の場合は反応の速度が一つの反応物の濃度の 2 乗に依存する場合である．この場合は反応物の濃度を 2 倍にすると，反応速度は 4 倍になる．反応物 A について二次反応である反応の速度を表す式は

$$速度' = -k[\text{A}]^2 \tag{a}$$

だから，もしも [A] を 2 倍して [2A] とすると，今度は速度″ は

$$速度'' = -k[2\text{A}]^2 = -k4[\text{A}]^2$$

となる．新しい速度″ を古い速度′ と比較するために，両者を割ると，

$$\frac{速度''}{速度'} = \frac{-4k[\text{A}]^2}{-k[\text{A}]^2} = 4$$

このように，反応物の濃度を 2 倍にしたときの速度は，初めの速度の 4 倍に

なっている.

第二の場合 (b) は，反応の速度が二つの反応物の濃度に依存する場合である．反応速度式は

$$速度 = -k[A][B] \qquad (b)$$

となる.

反応物Aあるいは反応物Bのいずれかを2倍にすると反応速度は2倍になる．反応物の両方の濃度を2倍にすると，反応速度は4倍になる．

これらの反応速度式では

- 速度 $= -k[A]^1$ ではAについて，この反応は一次である（もっとも通常は1は書かないが）.
- 速度 $= -k[A]^2$ はAについて，反応が二次であることを示す.
- 速度 $= -k[A][B]$ が意味するところは，Aについても，Bについても一次であり，全体では二次である.

反応次数は実験でしか決められない．ある化学反応の次数とは，その物質の濃度がどのように反応速度に影響を与えるかという情報を提供する．化学反応式をみるだけで，その反応の次数がどうなるかを決めることはできない．とにかく実際にやってみないことにはどうしようもない．実験的に反応の次数が決められたら，簡単な反応の場合は反応の機構，経路についての情報が得られる．

> **要点メモ**
>
> 反応次数は反応物の濃度によって，反応速度がどのように影響を受けるかについての情報を与える.

## 9・2 反応の経路と反応機構

どんな化学変化でも，結合が切れたり，あるいは新しくつくられたりする．たいていの場合このような変化は一段階だけの反応で起こることはない．その代わりに，反応はつぎつぎと，小さいステップを多数ふんで起こることが多い．このことは酵素触媒反応においては特に当てはまる．反応機構とはさまざまな結合がどのように切れたり，つくられたりするのかを正確に，かつ具体的にわかるように，反応過程の複数の反応段階を記述するものである.

## 9・3 律速段階

　多くの反応が数段階を経て起こるのであるから，それぞれの段階での速度を測定する必要がある．これらの反応段階のうち，一番遅い速度の段階のことを**律速段階**とよぶ．反応の全体の速度はこの一番遅い段階の速度で決まってくる．もし，全体の反応の速度を測定したならば，それは実際には律速段階の速度を測定していることになる．

## 9・4 活性化エネルギーを考える

　8・2 節で共有結合が切断され，反応が進行するためには，反応物のエネルギーが高まって遷移状態（活性化されたエネルギー状態）へ移行する必要があることを述べた．反応 A の図（図 72）においては遷移状態が一つだけのものを表している．反応 A の機構は比較的単純である．

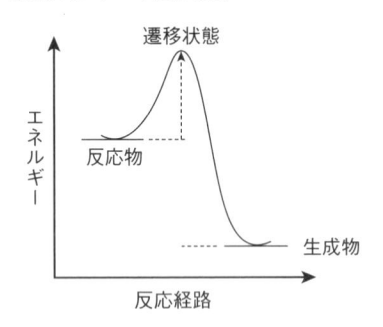

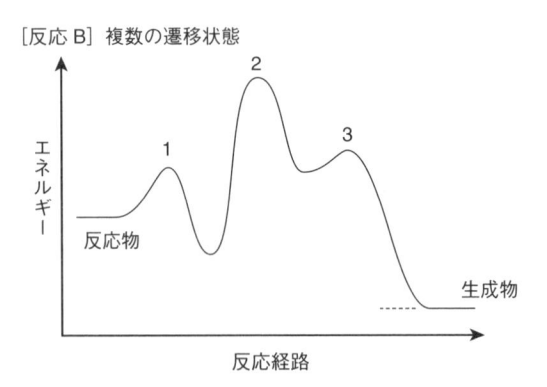

図 72　反応における遷移状態が単一の場合と複数の場合

しかしながら，一般的には反応中に反応物は共有結合の切断および形成など原子配置の再編成をいくつか経て生成物になる．原子が再編成された状態（遷移状態）はそれぞれに特有の活性化エネルギーをもつ．反応Bの図（図72）では三つの遷移状態を示している．遷移状態2の活性化エネルギーが最も高く，反応Bの律速段階となる．

> **要点メモ**
>
> 酵素触媒反応の律速段階は，活性化エネルギーが最大となる遷移状態を経過する段階になる．

## 9・5 平　衡

　生化学反応も含めて化学反応の大部分は完結するところまで進まない．それは生成物の逆反応が起こり，反応物が再形成されてくるからである．このような反応は**可逆**であるという．正反応の速度（生成物の形成）が逆反応（反応物の形成）の速度と等しくなる点になったとき，反応は**平衡**に到達したという．

　AからBへの転換のように単純な反応で，これを示すと，

$$A \underset{k_{-1}}{\overset{k_1}{\rightleftarrows}} B$$

となる．ここで，$k_1$ は正反応（生成物の形成）速度定数，$k_{-1}$ は逆反応（反応物の形成）速度定数である．

　正反応（生成物の形成）の速度は次のように表せる．

$$速度\,f = \frac{\Delta[B]}{\Delta t} = -k_1[A]$$

　逆方向の反応（反応物の形成）の速度は次のように表せる．

$$速度\,b = \frac{\Delta[A]}{\Delta t} = -k_{-1}[B]$$

そこで，速度 $f$ と速度 $b$ を等しいとおくと，

$$\frac{\Delta[B]}{\Delta t} = \frac{\Delta[A]}{\Delta t}$$

すなわち，$k_1[A]_{eq} = k_{-1}[B]_{eq}$

したがって $\dfrac{k_1}{k_{-1}} = \dfrac{[B]_{eq}}{[A]_{eq}} = K_c$

ここで，$K_c$ は平衡定数である．

> **要点メモ**
>
> 平衡では，正反応速度（$k_1 \times$ 反応物濃度）は逆反応速度（$k_{-1} \times$ 生成物濃度）とが等しくなる．

平衡定数 $K$ はさまざまな単位で表される．扱っている平衡の種類にもよる（$K_w$ は水の電離についての平衡定数）．記号 $K_c$ は平衡定数を濃度単位で表したものである．最もよく使われる濃度単位はリットル当たりのモル数すなわち mol L$^{-1}$ である．生物学者は酵素触媒反応の平衡定数に $K_{eq}$ を用いることがよくある．

ピルビン酸の還元反応で乳酸が生じる場合（これは筋肉で起こる反応である），

$$\text{ピルビン酸} + \text{NADH} + \text{H}^+ \rightleftharpoons \text{乳酸} + \text{NAD}^+$$

この反応の平衡定数 $K_{eq}$ は次のように表すことができる．

$$K_{eq} = \frac{[\text{乳酸}][\text{NAD}^+]}{[\text{ピルビン酸}][\text{NADH}][\text{H}^+]}$$

もしも，$K_{eq}$ が非常に小さい場合は反応の平衡は左側に寄っていて，生成物はほとんどできない．

平衡で存在する各化合物の量を決めるためには，平衡定数を知る必要がある．平衡定数を決めるには，最初に反応式の収支（モル数の比）をとる必要がある．次のような一般式について考えよう．

$$a\text{A} + b\text{B} \rightleftharpoons c\text{C} + d\text{D}$$

大文字は反応物および生成物を表す．小文字は係数で，反応式の収支をとる．
この一般式についての平衡定数 $K_{eq}$ は次のように表せる．

$$K_{eq} = \frac{[\text{C}]^c [\text{D}]^d}{[\text{A}]^a [\text{B}]^b}$$

たとえば，

$$\text{N}_2(g) + \text{H}_2(g) \rightleftharpoons \text{NH}_3(g)$$

この反応式は質量保存の法則を満足していない．収支が左右でとれていない．

各元素の原子の数が反応式の左右で異なっている（左側には窒素原子は2個あるが右側では1個である．左側では水素原子が2個あるが，右側では3個ある）．反応式の収支をとる方法は化学量論係数を用いることである．化学式の前にある数字はこの化合物何分子が反応式に関与しているかを示している．

この反応の収支をとると，つぎのようになる．

$$N_2(g) + 3H_2(g) \rightleftharpoons 2NH_3(g)$$

この反応式は質量保存の法則と合致している．この反応の両側で，各元素の原子の数が正確に同じである．**化学量論**（ストイキオメトリー）とは化学組成および化学反応の量的な面について言及したものである．この反応の平衡を表現する平衡式は次のようになる．

$$K_c = \frac{[NH_3]^2}{[N_2][H_2]^3}$$

たとえば，この反応混合物1Lが平衡にあるとき，それには，$NH_3$ 1.60モル，$H_2$ 1.20モル，$N_2$ 0.80モルが含まれているとする．この場合の平衡定数は次のように計算できる．

$$K_c = \frac{(1.60\,M)^2}{(0.8\,M)(1.20\,M)^3} = 1.85\,M^{-2}$$

$K$ の単位は濃度として用いた単位による．上記の例の場合，濃度はM（mol $L^{-1}$）であるので，$K$ の単位は $M^{2-(4)} = M^{-2}$．

定性的には，平衡状態で右側（生成物側）あるいは左側（反応物側）のどちらに，どのくらい偏っているのかを知ることができる．平衡定数の値から，生成物寄りか，それとも反応物寄りかについてのおおまかな情報が得られる．もしも，反応物の方に傾いているとすると，平衡式の分母の方が分子よりも大きくなるので，平衡定数は1より小さくなる．逆に反応物よりは生成物の方に傾いている場合は，平衡定数の分子の方が，分母より大きい値になるので，平衡定数は1より大きい値になる．

## 9・6 平衡点は変わりうる

平衡は変動しうる．応力（ストレス）が系に加わると，反応物側へシフトすることもあれば，生成物側へシフトすることもありうる．このような外的な力としては反応物あるいは生成物の量の増減，気相の場合だと体積あるいは圧力

の変化，さらには平衡系の温度などがある．平衡がどのようにずれるかについての予想は**ルシャトリエの原理**を用いると可能になる．ルシャトリエの原理のいうところとは，もし平衡系に応力が加わると，平衡は応力をやわらげる方向にずれる．たとえば，次の反応は筋肉でのピルビン酸の乳酸への転換を表しているのだが，平衡はずっと右寄りになっていて，乳酸の生成に傾いている．

$$\text{ピルビン酸} + \text{NADH} + \text{H}^+ \rightleftharpoons \text{乳 酸} + \text{NAD}^+$$

この反応を高濃度の乳酸あるいは$NAD^+$を添加することで，左側（ピルビン酸が増える方向）へ強要することができる．筋肉中で，この反応を触媒する酵素は乳酸デヒドロゲナーゼとよばれる．筋肉中のこの酵素の構造は高濃度の乳酸を好むようになっている（すなわち，筋肉中のこの酵素は乳酸の親和性が低い）．筋肉で生じた乳酸は肝臓にまで運ばれ，肝臓で，ピルビン酸に戻るようになっている．肝臓での乳酸デヒドロゲナーゼは異なった構造をしており，ピルビン酸の産生に偏っている（この酵素は乳酸に対し高い親和性をもつ）．このような戦略は生物ではよくみられる．同じ物質変換にかかわる酵素ながら，構造がはっきり異なるもの（**イソ酵素**，アイソザイムともいう）が存在し，これらは平衡位置の違うところで働く．でもここで重要な点は，ある反応の平衡位置は無数にあるにもかかわらず，平衡定数の値は一つに決まっていることである（一定温度の下では）．系でとられている平衡での濃度がいくらになるかは初期濃度に依存している．この事実を強調するために，以下のデータについてみてみよう．

| 実 験 | 初期濃度 | 平衡濃度 | $K_{eq}$ |
|---|---|---|---|
| 1 | $N_2 = 1.00$ M | 0.921 M | |
| | $H_2 = 1.00$ M | 0.763 M | |
| | $NH_3 = 0$ | 0.157 M | $6.02 \times 10^{-2}$ $M^{-2}$ |
| 2 | $N_2 = 0$ | 0.399 M | |
| | $H_2 = 0$ | 1.197 M | |
| | $NH_3 = 1.00$ M | 0.203 M | $6.02 \times 10^{-2}$ $M^{-2}$ |
| 3 | $N_2 = 2.00$ M | 2.59 M | |
| | $H_2 = 1.00$ M | 2.77 M | |
| | $NH_3 = 3.00$ M | 1.82 M | $6.02 \times 10^{-2}$ $M^{-2}$ |

前ページの表は次の反応について行った三つの実験の結果を示している．

$$N_2(g) + 3H_2(g) \rightleftarrows 2NH_3(g)$$

$N_2$, $H_2$, $NH_3$ の初期濃度を変えた3セットの実験で，平衡点での濃度を決定した．それぞれの実験で得られた $K_{eq}$ を平衡式

$$K_{eq} = \frac{[NH_3]^2}{[N_2][H_2]^3}$$

から計算すると，三つの実験で，どれも同じ値になっている．

## 9・7 自由エネルギーと平衡

8章で自由エネルギーの概念を導入した．この概念はやや抽象的にみえたかもしれない．平衡定数の式と自由エネルギーの式とを組合わせると，次の式が得られる．

$$\Delta G°' = -RT \ln K_{eq} \quad (Rは気体定数とよばれる定数で，Tは絶対温度である)$$

> **要点メモ**
> 平衡の位置は変わりうるが，平衡定数は一定の温度では決まっている．

言い換えると，反応の標準自由エネルギー変化はその反応の平衡定数とは一定の関係にある．生化学反応の平衡定数を測定すること（これは比較的決まった操作過程）ができるならば，これから自由エネルギー変化を計算することができる（その逆もできる）．このことは大変有用な情報を提供する．すなわち，その反応過程が実現可能（起こりやすい）かどうか，どちらの方向に進んでいくか，反応はどの程度まで進むか，などの情報が得られる．これらは細胞内の反応過程の互いの関係・絡み合いを解きほぐそうと試みるうえで強力なデータとなる．

## 9・8 平衡では，自由エネルギー変化はゼロである

反応が平衡へ向かって進んでいるときだけ，正味の自由エネルギー変化を生じる．たとえば，

$$A \underset{k_{-1}}{\overset{k_1}{\rightleftarrows}} B$$

という反応について考えると，反応がBに向かって動く（反応は発エルゴン）のとき，$\Delta G$は負になる．しかし，逆に，反応が吸エルゴン（したがってエネルギーが供給されて反応が動いている）の場合，$\Delta G$は正になる．反応が平衡に達して，正反応のBの生成速度と逆反応によるAの生成速度が等しくなると，定義から，正味の自由エネルギー変化は，ゼロになる．細胞内での反応過程は発エルゴンである限り，負の自由エネルギー変化を生じる．細胞内の反応過程は生成物の迅速な除去により平衡をずらし，一方向に進む．

発展
エネルギーと代謝
(p.113)

> **要点メモ**
>
> 平衡では，正の反応速度$k_1\times$[反応物]＝逆の反応速度$k_{-1}\times$[生成物]である．$\Delta G$はゼロである．

もしも，細胞代謝過程が平衡に到達した場合は，細胞は実効的には死んでいるということになる．自由エネルギーが生産されず，仕事はしないので，生成物が**正味**で生産されることはない．これは電池が平衡に達していることと類似している．すなわち，電池が消耗している．平衡になった電池は起電力がないので，電流も流れない．

## 9・9 まとめ

1. 化学反応の速度は次のことに左右される；温度（温度は生物の反応ではあまり考慮しなくてよいが），触媒（酵素は生物触媒），および反応物の濃度．酵素触媒反応では，反応物と生成物の両方の濃度が重要である．これは酵素がしばしば生成物によってフィードバック阻害を受けるからである．
2. 反応速度は通常反応物か，生成物の濃度の時間変化を用いた反応速度式で表される．
3. 反応の次数は反応速度の反応物濃度依存性で表す．ゼロ次反応は反応物の濃度に無関係であり，一次反応は反応物の一つの濃度にのみ依存している場合である．
4. 反応の速度は律速段階に依存する．律速段階とは活性化エネルギーが最も高い遷移状態を形成する段階に相当する．
5. 反応は**可逆**であることもある．正方向反応（生成物の形成）の速度と逆反応（反応物の生成）の速度とが等しくなった点で，反応は**平衡**状態に達したという．

6. 反応の平衡定数, $K_c$ あるいは $K_{eq}$ は生成物濃度の積(化学量論係数の累乗)を反応物濃度の積(これも化学量論係数の累乗)で割ったものである. 一定の温度では反応の平衡定数は初濃度と無関係である. 一定温度での平衡定数は一つの値に決まる. 平衡位置は無数ある.
7. 平衡定数が大きい値であることは, 反応が生成物の形成側に傾いていることを示す.
8. ルシャトリエの原理では, 平衡にある系に平衡位置を変えようとする力が加わると, 平衡位置が変化して, その力をやわらげようとする.
9. 反応の標準自由エネルギーの変化は, その反応の平衡定数と次のような関係にある.
$$\Delta G^{\circ\prime} = -RT \ln K_{eq}$$
10. 平衡では, 反応の自由エネルギー変化はゼロである.

## 9・10 自己診断テスト

解答は165ページ.

**問 9・1** 次の反応の平衡定数 ($K_{eq}$) を書きなさい.

イソクエン酸 + $NAD^+$ ⇌ 2-オキソグルタル酸 + $CO_2$ + NADH + $H^+$

**問 9・2** もしある反応の平衡定数が $3.18 \times 10^{520}$ であることがわかったとすると, この反応はどのようなものであるといえるか.

**問 9・3** 次の反応において

フマル酸 + 水 ⇌ リンゴ酸

$\Delta G$ が $-3.7$ kJ mol$^{-1}$ であることがわかった. 37 ℃ での $K_{eq}$ を計算して求めなさい ($R = 8.314$ J K$^{-1}$ mol$^{-1}$ とせよ). 得られた値についてコメントせよ.

**問 9・4** ATPは加水分解されてADPと無機リン酸 $P_i$ になる. この反応の $\Delta G$ は $-13$ kJ mol$^{-1}$ である. この反応の 37 ℃ での平衡定数を, 計算により求めなさい ($R$ は 8.314 J K$^{-1}$ mol$^{-1}$ とする).

# 10　エネルギーと生命

> **基本概念**
>
> 分子が電子を失うこと，あるいは獲得することが酸化還元反応の過程の定義である．生命体は食物の酸化を調節して，自由エネルギーを化学物質中に蓄えたり，進みにくい反応に共役して仕事をしたりする．酸化反応はどれも還元反応と共役している．このような酸化還元反応は物質の酸化還元電位（ポテンシャル）から測定でき，それはさらに自由エネルギー変化に関係づけられる．ここに，生命を動かす力があり，膨大な無秩序の環境の中で生き物が複雑な構造をつくり，維持する手段が存在する．

　緑色植物の葉緑体では，光のエネルギーが捕捉され，化学エネルギーへと転換されている．この化学エネルギーはATPおよびNADPHとして蓄えられている．これらの分子はその後，二酸化炭素の固定に使われ，まず，糖（炭水化物）を産生し，その後アミノ酸（タンパク質）および脂肪酸（脂肪）をつくる．光合成により，実に1年当たり，1650億トンの炭水化物がつくられているという試算がある．光合成は吸エルゴン反応過程であり，自由エネルギー変化が正で自然には起こらない過程である．太陽エネルギー（電磁波エネルギー）の供給によって初めて可能になるものである．動物も植物も，化学エネルギーをもつ有機分子の分解代謝（異化作用）にギアチェンジすることで，自由エネルギー（これの起源は光である）を得ている．この自由エネルギーを用いて，細胞内で自然には起こらない無数の同化作用過程を可能にしている．生命はまるで熱力学第二法則に違反しているようにみえる．第二法則は宇宙が無秩序方向に傾いていくといっているのであるが，細胞は高度に秩序があり，正確に制御されている．われわれ生き物の世界は無秩序が増大している宇宙の中で，低エントロピーの島となっている．しかし，熱力学の法則は宇宙のどこでも成り立つ．事実，われわれは始終有機分子を分解してエネルギーを取出し，別の分子を合成しているが，エネルギー効率は100％からは程遠い．エネルギーのかなりの部分は熱として捨てられ，宇宙のエントロピーの増大を加速している．

　生物系では

$$\text{食物から得るエネルギー} = \text{ATP} + \text{エネルギー}$$

となっている．生命として中心的に重要なことは，生物が食物からエネルギーを抽出し，転換するという能力をもっていることである．これを可能にするために，さまざまな戦略が進化の過程で生じた．なかでも最大の成功は酸化と還元の化学反応を利用したことである．

## 10・1 酸化と還元

酸化の定義は当初，酸素との反応あるいは結合であった．還元は水素との反応あるいは結合であった．細胞は糖や脂肪を酸化して，必要な自由エネルギーを創出している．グルコースの完全酸化は次の式で表せる．

$$C_6H_{12}O_6 + 6\,O_2 \longrightarrow 6\,CO_2 + 6\,H_2O + 熱$$

グルコース中の炭素原子，水素原子は両方とも**酸化**されて，酸素原子と結合する．酸素に富んだ大気中では，物質は一般に酸化されていく自然の傾向がある（脂肪は酸敗し，鉄はさびる）．しかし，この反応をよくみると，酸素原子は**還元**されていることがわかる．一つの分子が酸化されることは必ず別の分子が還元されていることとリンクしている．このリンクを強調するために，酸化還元反応といったり，さらに省略して，**レドックス反応**といったりする．

生物では，酸化還元反応は電子の転移を伴う反応として定義される．酸化反応ではどれも電子が失われ，還元反応ではどれも電子を獲得する．電子の損失と獲得の方が酸化および還元よりも，よい定義である．それは酸化還元反応では必ずしも，酸素あるいは水素が直接関与しているわけではないからである．しかしながら，電子が反応で失われるのか，獲得されるのかを決めるのは結構難しいこともある．簡単な場合の方の例をあげる．ナトリウムと塩素との反応で，塩化ナトリウムができるのは次のように書くことができる．

$$Na + \frac{1}{2}Cl_2 \longrightarrow Na^+Cl^-$$

---

**要点メモ**

酸化は電子の喪失．還元は電子の獲得．これを覚えるには OIL RIG というのはどうだろうか．〔訳注: oilrig は石油掘削機の意味，O は酸化（oxidation），L は loss，R は還元（reduction），G は gain〕

134    10. エネルギーと生命

イオン化合物である塩化ナトリウムはナトリウムが電子を一つ失い（酸化され），塩素が一つ電子を獲得する（還元される）結果生じる．ナトリウムは電子供与体であり，**還元剤**である．後者は塩素を還元していることからわかる．塩素は電子受容体で，**酸化剤**である．後者は塩素がナトリウムを酸化していることからわかる．電子の転移は供与体と受容体の両方があって起こるので，酸化と還元は必ずリンクしていなければならない．すべての酸化還元反応で，電子が一つの分子から別の分子へと完全に転移するわけではない．共有結合における電子の偏りに変化が生じる．

**発展**
酸化
(p.142)

## 10・2 半反応

すべての酸化還元反応には酸化と還元の両方が起こっているので，このような反応を二つの**半反応方程式**，あるいは**半反応**として，表現できる．塩化ナトリウムを形成する上記の反応では，ナトリウム原子は酸化され，塩素分子は還元される．これらの反応を表す半反応化学反応式で書き表すことができる．

$$Na \longrightarrow Na^+ + e^- \qquad \text{(i) ナトリウムの酸化}$$

$$\tfrac{1}{2}Cl_2 + e^- \longrightarrow Cl^- \qquad \text{(ii) 塩素の還元}$$

半反応式 (i) と (ii) の左側および右側を加えると，電子は互いに打消しあって，全体の反応式として次が得られる．

$$Na + \tfrac{1}{2}Cl_2 \longrightarrow Na^+ + Cl^- \qquad \text{(i)+(ii) 全体の反応式}$$

生物系の酸化還元共役として，リンゴ酸とオキサロ酢酸の転換を取上げてみる．この反応はリンゴ酸デヒドロゲナーゼによって触媒をされ，反応にはNAD$^+$（ニコチンアミドアデニンジヌクレオチド）が関与する．この反応は次のように書ける．

$$\text{リンゴ酸} + NAD^+ \longrightarrow \text{オキサロ酢酸} + NADH + H^+$$

リンゴ酸とオキサロ酢酸（図73）の構造を考えてみると，リンゴ酸は全体の反応で，二つのプロトンと二つの電子を失ってオキサロ酢酸になっているので，酸化されている．この反応は実際は一つのヒドリドと一つのプロトンがリンゴ酸から除かれている反応が起こっている．ヒドリド（H$^-$）はプロトンに二つの電子を加えたものである（H$^+$ + 2e$^-$）．

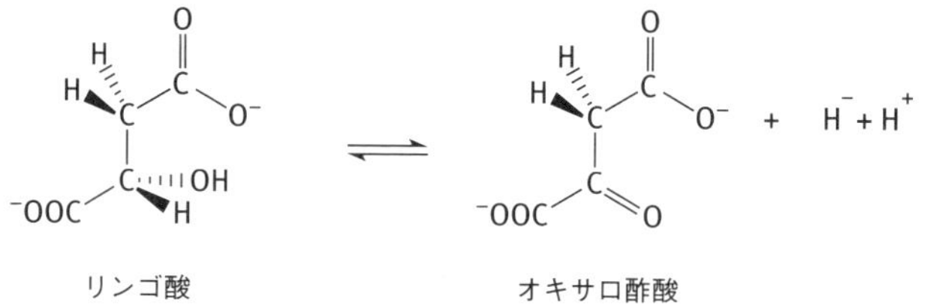

## 10・2 半反応

**図73　リンゴ酸からオキサロ酢酸への酸化**

> **問**
>
> リンゴ酸はなぜ二つの電子を失っているのか.
> 　プロトン $H^+$ はヒドロキシ基から除かれ，ヒドリド $H^-$ は $-C-H$ から除かれている．$H^-$ が $C-H$ 結合から電子を二つとも取っていく.

図74に示した2番目の半反応では $NAD^+$ は NADH に還元されている．$NAD^+$ は電子二つとプロトン一つ(つまりヒドリド $H^-$)を受け入れているので，確かに還元されている.

二つの半反応は確かにリンクしていて，一緒になって**酸化還元共役**を構成している．これらを足し合わせると全体の反応式が得られる．リンゴ酸-オキサロ酢酸の反応はほかのたいていの酸化還元反応のように，可逆反応である.

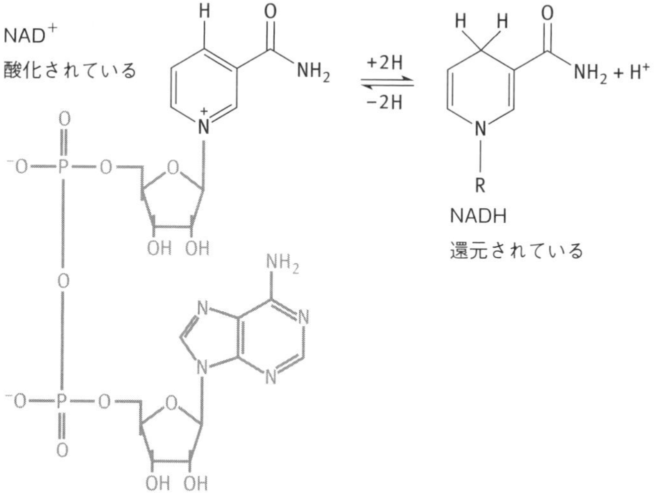

**図74　$NAD^+$ から NADH への還元**

## 10・3 酸化還元電位

これまでみてきたように，化学反応が熱力学的に可能かどうかは反応物濃度と生成物濃度の比を，平衡における濃度比（平衡定数；これは反応の標準自由エネルギー変化（$\Delta G^{o\prime}$）からも計算できる）と比べることによってわかる．一方，すべての酸化還元反応では電子の喪失と獲得が起こる．電子濃度を測定することはどうみても実際的でない．しかし，われわれは各半反応の**酸化還元電位**を測定することができる．酸化還元電位は着目する物質が電子を獲得したり，失ったりする傾向の目安である．

半反応の酸化還元電位は標準との比較で測定される必要がある．対照となる標準半反応は水素電極で，これを 0 ボルトと任意にとることにする．酸化還元

**いくつかの生物半反応についての酸化還元電位**

| 酸化還元半反応 | $E^{o\prime}$ (V) | |
|---|---|---|
| $2H^+ + 2e^- \longrightarrow H_2$ | $-0.42$ | 低い酸化還元電位 ↑ |
| フェレドキシン($Fe^{3+}$) $+ e^- \longrightarrow$ フェレドキシン($Fe^{2+}$) | $-0.42$ | |
| $NAD^+ + 2H^+ + 2e^- \longrightarrow NADH + H^+$ | $-0.32$ | |
| $S + 2H^+ + 2e^- \longrightarrow H_2S$ | $-0.274$ | |
| $SO_4^{2-} + 10H^+ + 8e^- \longrightarrow H_2S + 4H_2O$ | $-0.22$ | |
| アセトアルデヒド $+ 2H^+ + 2e^- \longrightarrow$ エタノール | $-0.20$ | |
| ピルビン酸 $+ 2H^+ + 2e^- \longrightarrow$ 乳酸 | $-0.185$ | |
| $FAD + 2H^+ + 2e^- \longrightarrow FADH_2$ | $-0.18^\dagger$ | |
| オキサロ酢酸 $+ 2H^+ + 2e^- \longrightarrow$ リンゴ酸 | $-0.17$ | |
| フマル酸 $+ 2H^+ + 2e^- \longrightarrow$ コハク酸 | $0.03$ | |
| シトクロム $b$ ($Fe^{3+}$) $+ e^- \longrightarrow$ シトクロム $b$ ($Fe^{2+}$) | $0.075$ | |
| $CoQ + 2H^+ + 2e^- \longrightarrow CoQH_2$ | $0.10$ | |
| シトクロム $c$ ($Fe^{3+}$) $+ e^- \longrightarrow$ シトクロム $c$ ($Fe^{2+}$) | $0.254$ | |
| $NO_3^- + 2H^+ + 2e^- \longrightarrow NO_2^- + H_2O$ | $0.421$ | |
| $NO_2^- + 8H^+ + 6e^- \longrightarrow NH_4^+ + 2H_2O$ | $0.44$ | |
| $Fe^{3+} + e^- \longrightarrow Fe^{2+}$ | $0.771$ | |
| $O_2 + 4H^+ + 4e^- \longrightarrow 2H_2O$ | $0.815$ | ↓ 高い酸化還元電位 |

† 訳注: 遊離の FAD $\longrightarrow$ $FADH_2$ の値．タンパク質に結合していると異なる値になる．

電位はボルト単位で測定され，化学者はこれを $E°$ と書く．生物系では酸化還元電位は生理的な pH にて測定され，記号としては $E°'$ を用いて違いを区別する．さらに，pH 7 では水素電極の酸化還元電位は $-0.42$ V に転換される．この値こそ生物学者が標準酸化還元電位（$E°'$）としているものである．測定された酸化還元電位が $E°'$ に比べてマイナスの値をもつ場合はこの反応は酸化の方向へ進行する，すなわち，電子を失う方向に向かう．$E°'$ に対してプラスの値をもつ場合は，この反応は還元反応である．すなわち電子を獲得する．

前ページの表はいくつかのよくみられる生物半反応の酸化還元電位である．これらの半反応はすべて還元反応として示してあることに注意してほしい．このことはこれが各反応について起こりやすい方を表しているのではない．ただ，単に化学者がこのようなデータを報告するときに用いるうえで便利だからである．

前に用いた反応，すなわち，ピルビン酸の乳酸への還元は酸化還元反応の一つの例である．

$$\text{ピルビン酸} + \text{NADH} + \text{H}^+ \rightleftharpoons \text{乳酸} + \text{NAD}^+$$

この酸化還元共役における二つの半反応は表にも掲載されている．ピルビン酸の半反応は

$$\text{ピルビン酸} + 2\text{H}^+ + 2\text{e}^- \longrightarrow \text{乳酸} \quad (1)$$

この半反応の酸化還元電位は $-0.185$ V（表から読取れる）．

NADH の半反応の方は酸化反応で，これは

$$\text{NADH} + \text{H}^+ \longrightarrow \text{NAD}^+ + 2\text{H}^+ + 2\text{e}^- \quad (2)$$

表に示した $\text{NAD}^+/\text{NADH}$ 半反応は還元反応である（これは慣例上）．だから，NADH の酸化反応の酸化還元電位を得るには表にあげた $E°'$ の符号を逆にしさえすればよい．この結果, NADH 酸化半反応の酸化還元電位は $+0.32$ V（$-0.32$ V ではなく）．これらの半反応の酸化還元電位を両方足すと，この酵素触媒反

応の全体に対する酸化還元電位は

$$-0.185\,\text{V} + 0.32\,\text{V} = +0.135\,\text{V}$$

となる．反応式 (1) と (2) の右側と左側をそれぞれ足し合わせると，電子は相殺され，次が得られる．

$$\text{ピルビン酸} + \text{NADH} + \text{H}^+ \rightleftharpoons \text{乳酸} + \text{NAD}^+ \qquad E^{\circ\prime} = 0.135\,\text{V}$$

## 10・4　自由エネルギーと酸化還元電位

前にもふれたが，酸化還元反応の平衡定数を求めるために電子の濃度を測るというのは現実的でない．しかしながら，式から導きだすことができる．すなわち，酸化還元反応の標準自由エネルギー変化は次の**ネルンストの式**を用いると，標準酸化還元電位から求められる．ネルンストの式は

$$\Delta G^{\circ\prime} = -nFE^{\circ\prime}$$

である．ここで $n$ は反応で転移する電子の数のことで，$F$ はファラデー定数である（$96.5\,\text{kJ}\,\text{V}^{-1}\,\text{mol}^{-1}$ もしくは $23.06\,\text{kcal}\,\text{V}^{-1}\,\text{mol}^{-1}$）．

平衡定数 $K_{eq}$ または標準酸化還元電位 $E^{\circ\prime}$ の値がわかっていると，反応の $\Delta G^{\circ\prime}$ が導かれるので，その反応が進むかどうか，どちらに向かうかを評価できる．

## 10・5　生命のエネルギーを獲得するには？

電子を受容したり，あるいは供与したりできる生体分子は**電子運搬体**として知られているが，これは交互に還元されたり，酸化されたりしている．NADH は電子運搬体の一つの例である．酸化還元電位に依存して，一連の電子運搬体を配置すると**電子伝達鎖**が形成できる．電子はこのような鎖を通っていくことができる．酸化還元電位の低い電子運搬体（負で値が大きく，電子を失って酸化される傾向がより強いもの）から酸化還元電位のより高い（より正の値の大きい）電子運搬体へと通っていく．酸化還元電位が低い電子運搬体（負の値が大きいもの）は電子に対する親和力が弱いので，電子を酸化還元電位のより高い運搬体で電子に対する親和力の強いものへ渡していく．

8・7節で，次の反応での酸素の還元（すなわち，水素の酸化）は高度に発エルゴン反応で自然に起こりやすく，$447\,\text{kJ}\,\text{mol}^{-1}$ のエネルギーをおもに熱および音として放出することを示した．

$$2H_2 + O_2 \longrightarrow 2H_2O$$

　細胞内小器官（オルガネラ）の一つであるミトコンドリアは類似の過程を実行して，電子伝達を実施する．ここでは一連の電子運搬体が制御の利いた経路として用意され，自由エネルギーを小さなパッケージへと取込む．**電子伝達鎖**の一方の端にNADHがある．細胞内で，異化作用により生産されたNADHはここで酸化される．酸化反応により移動した二つの電子はこの鎖の中で一つの電子運搬体から次の運搬体へとつぎつぎと運搬されていき，最後は酸素を還元して水となる（このことが，生きていくうえで酸素を呼吸する必要があることの理由である）．

　酸化還元電位が相対的に低いNADHの酸化と，酸化還元電位が比較的高い酸素の還元は鎖の上から下までで，およそ+1.13 Vの電位差を生む．

$$\frac{1}{2}O_2 + 2H^+ + 2e^- \longrightarrow H_2O \qquad E^{\circ\prime} = +0.815\,V$$

$$NADH + H^+ \longrightarrow NAD^+ + 2H^+ + 2e^- \qquad E^{\circ\prime} = +0.32\,V$$

全体の反応は

$$\frac{1}{2}O_2 + NADH + H^+ \longrightarrow H_2O + NAD^+ \qquad E^{\circ\prime} = +1.14\,V$$

この $E^{\circ\prime}$ の値をネルンストの式に入れると，標準自由エネルギー変化は

$$\Delta G^{\circ\prime} = -nFE^{\circ\prime} = -2(96.5\,kJ\,V^{-1}\,mol^{-1})(1.14\,V) = -220\,kJ\,mol^{-1}$$

となる．この反応に関与する電子の数 $n$ は2である．

　この一連の反応は高度に発エルゴンで，相当量の自由エネルギーを放出するだけでなく，電子は連結した反応系を通って，+1.13 Vという相当大きな電位差を下っていくのである．

　このような二つの半反応式からなる酸化還元共役は酸素と水素が反応して水を生み出すという生物的な反応でもあるのだが，同時に電子伝達鎖とリンクしている．このリンクはつぎのように慣用法で表現できる．

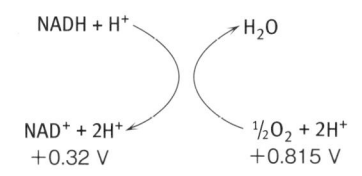

```
NADH + H⁺          H₂O

NAD⁺ + 2H⁺       ½O₂ + 2H⁺
  +0.32 V          +0.815 V
```

曲線矢印は，分子の酸化還元に沿っての電子の動きを示す．

## 10・6 自由エネルギーに何が起こっているのか

ミトコンドリアの電子伝達鎖を図75に示す．さまざまな電子運搬体が鎖状につながっている．それぞれの酸化還元の組合わせは相応する酸化還元電位 $E^{\circ\prime}$ およびそれから計算される $\Delta G^{\circ\prime}$ の値をもつ．鎖の左から右に沿っていくにつれて，酸化還元電位の値はしだいに大きくなる（つまり，還元されやすさが増す）．これらの酸化還元の組合わせのうち，自由エネルギーの変化の大きいものが三つある．すなわち，NADH の酸化と CoQ の還元，シトクロム $b$ の酸化とシトクロム $c$ の還元，そして，シトクロム $a$ の酸化と酸素の還元の三つである．これらの三つでは，自由エネルギーの負の値が大きく，仕事に使われる．すなわち，ATP 合成に貢献する．ATP は細胞のエネルギー通貨である．ATP 分子中に蓄えられた自由エネルギーは，自然に起こらない吸エルゴン反応と共役して，同化作用過程を駆動する．

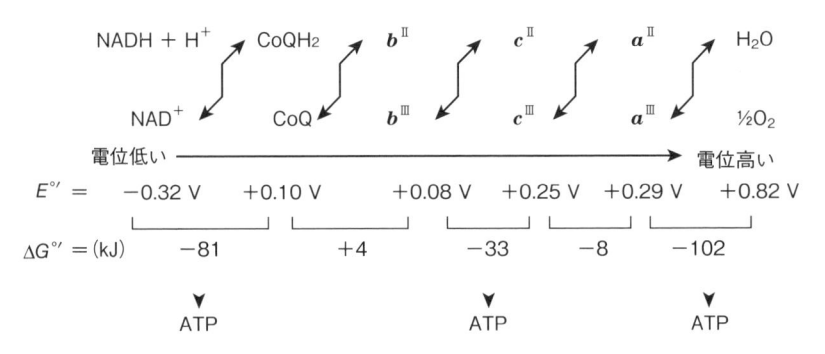

**発展** エネルギーと代謝 (p.113)

```
NADH + H⁺   CoQH₂    bⅡ      cⅡ      aⅡ      H₂O
     ⇅        ⇅      ⇅       ⇅       ⇅       ⇅
NAD⁺         CoQ     bⅢ      cⅢ      aⅢ      ½O₂
```

電位低い ─────────────────────────→ 電位高い

$E^{\circ\prime}$ =  −0.32 V   +0.10 V   +0.08 V   +0.25 V   +0.29 V   +0.82 V

$\Delta G^{\circ\prime}$ = (kJ)   −81      +4       −33       −8       −102

　　　　　　　　▼　　　　　　　　▼　　　　　　　　▼
　　　　　　　ATP　　　　　　　ATP　　　　　　　ATP

［ミトコンドリア電子伝達鎖略号］　NAD：ニコチンアミドアデニンジヌクレオチド．FAD：フラビンアデニンジヌクレオチド．$b$：シトクロム $b$，$c$：シトクロム $c$，$b^{\mathrm{III}}$，$c^{\mathrm{III}}$，$a^{\mathrm{III}}$ は酸化型シトクロム

**図 75　ミトコンドリア電子伝達鎖の酸化還元電位，自由エネルギー変化**

ミトコンドリアは高等生物の ATP 産生の主要な部位である．この好気的過程は酸化的リン酸化とよばれることがある．すべての高等生物においてエネルギー産生に必須である．

### 要点メモ

酸化的リン酸化過程は一連の酸化反応段階のことで，ADPのリン酸化によりATPが合成される．

## 10・7 まとめ

1. 酸化はつねに分子からの電子の除去を伴う．一つの分子が酸化されるときはもう一つの分子は必ず還元される．このことから酸化還元反応とよぶ．
2. すべての酸化還元反応は二つの半反応からなっている．一つの半反応は酸化反応で，もう一つは還元反応である．各半反応に対して，酸化還元電位を測定できる．酸化還元電位は半反応が電子を獲得するか，それとも失うかを見積もるうえでの尺度になる．電位の値は標準電位との差で求める．半反応の標準は水素電極で0ボルトとする．酸化還元電位の測定値はボルト単位で，$E^{o'}$で表す．
3. $E^{o'}$が負の値であることは反応が酸化に向かって進む方向に傾いていること，すなわち，電子を失うことを示す．
4. 酸化還元反応の標準自由エネルギー変化と標準酸化還元電位とはネルンストの関係式，$\Delta G^{o'} = -nFE^{o'}$で関係づけられる．
5. 電子はより低い酸化還元（より負の大きい$E^{o'}$）から，より高い酸化還元電位（より正の値の大きい$E^{o'}$）の方に移動する．この電子の移動には自由エネルギー変化を伴う．
6. 細胞内小器官の一つであるミトコンドリアには電子運搬体が酸化還元電位の低い方から，高い方へと配置されているので，電子は電子運搬体に仲介されて伝達される．これに伴って放出される自由エネルギーを仕事に用いる．この結果，酸化的リン酸化の過程で，ATPがつくられる．

## 10・8 自己診断テスト

解答は166ページ．

**問10・1** 次の酸化還元反応の半反応を書きなさい．
 (a) $Zn + Cu^{2+} \rightleftharpoons Zn^{2+} + Cu$
 (b) $Fe^{2+} + Cu^{2+} \rightleftharpoons Fe^{3+} + Cu^{+}$

**問10・2** 次の反応はアセトアルデヒドのエタノールへの還元を示している．触媒は酵素アルコールデヒドロゲナーゼによる．

アセトアルデヒド + NADH + H$^+$ ⇌ エタノール + NAD$^+$

(a) この酸化還元共役反応の二つの半反応を書きなさい．
(b) 136ページにある表の酸化還元電位を用いて，上記の反応が正の方向（左から右へ）へ向かうか，それとも逆方向かを決めなさい．

**問 10・3** 136ページにある酸化還元電位の表を用いて，次の酸化還元反応の組合わせがどちらの方向に進行するかを決めなさい．

CoQ(酸化型) + シトクロム $c$(Fe$^{2+}$) ⇌
　　　　　　　　　CoQH$_2$(還元型) + シトクロム $c$(Fe$^{3+}$)

**問 10・4** $\Delta G^{\circ\prime} = -nFE^{\circ\prime}$ の関係式を用いて，次の反応の自由エネルギー変化を計算で求めなさい．

コハク酸 + FAD ⇌ フマル酸 + FADH$_2$

(この反応の酸化還元電位の値は136ページにある表の数値を用いなさい．この反応で転移される電子の数は2個で，$F$は96,485 J V$^{-1}$ mol$^{-1}$)

**問 10・5** $\Delta G^{\circ\prime} = -nFE^{\circ\prime}$ の関係式を用いて，次の反応の$\Delta G^{\circ\prime}$を計算で求めなさい．

リンゴ酸 + NAD$^+$ ⇌ オキサロ酢酸 + NADH + H$^+$

# ▶ 発　　展

## 10・9　酸　　化

　原子中の電子が一番低い軌道から順に原子軌道を占めるように，分子でも電子は低いエネルギーの分子軌道から順番に入っていく．分子軌道とは電子を見いだす確率が一定以上高い空間領域のことである．分子軌道のエネルギーが高ければ高いほど，電子はそれだけ高いエネルギーをもつ．分子中の電子のもつエネルギーが最小になるように，電子は分子軌道を占める．

　**酸化**とは電子の喪失であると定義した．これを少し違ったいい方で述べると，酸化とは電子が原子から（あるいはもっと精密には原子核から）遠くへ離れて移動することということになる．だから，酸素が何かを酸化すると，そのもの

から電子を引っ張りだして，自分の方へもってくる（この過程では酸素は酸化剤として働いており，酸素自身は還元される）．酸素は電気陰性度の大きい原子だということを思い起こそう．酸化とはその過程に酸素が直接関与していないときも含めて，電子の移動のことをいうことに注意しよう．

2・5および2・6節では，**極性の共有結合**のことを考えた．すなわち，酸素のように**電気陰性度の大きい原子**が水素あるいは炭素のように電気陰性度が小さい原子と結合するとき，共有結合は極性をおびる．電気陰性度のより大きい原子は自分の方に電子を引っ張る（すなわち，還元される）．一方，結合の反対側の原子は電子失いがちで，酸化される．

図76中の一連の化合物について考えてみよう．

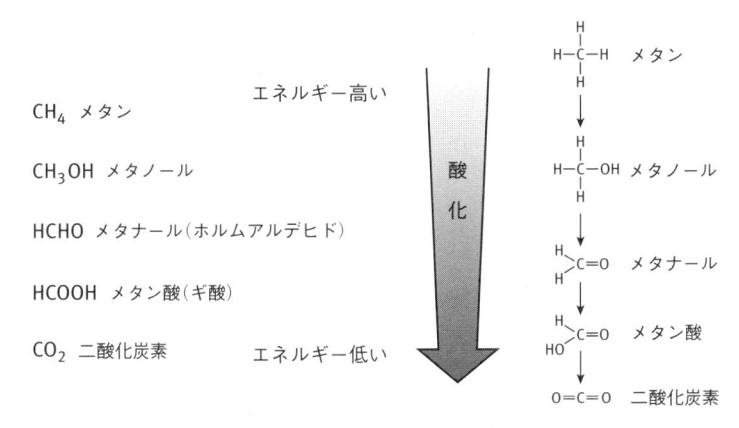

図 76　エネルギーの高い化合物の酸化

炭素−水素結合（たとえばメタン）では電気陰性度は炭素と水素とで，そんなに差がない．したがって，このような対称的な結合中の電子はできる限り二つの原子核から遠くに存在する．電子は炭素と水素との間で多かれ少なかれ，均等に共有されている．図76中の化合物は下にいくほど酸化程度が増え，水素原子はしだいに電気陰性度の大きい酸素に置き換えられていく．炭素原子はしだいに酸化され，極性の共有結合を形成する（すなわち，電子は炭素から酸素の方へ引っ張られる）．メタンの共有結合中の電子は二酸化炭素の共有結合の電子より高いエネルギーをもっている（というのは，酸化により電子は酸素原子の原子核により近いところにみつけられる）．エネルギーはメタンの炭素−水素結合に蓄えられている．メタンは**高エネルギー化合物**で，二酸化炭

は**低エネルギー化合物**である．

　光合成の過程では，植物は光のエネルギーを捕捉して，このエネルギーを主として炭水化物に取込む．光合成により産生されるグルコースのような炭水化物は主として炭素−炭素と炭素−水素共有結合からなる．このような対称性のある共有結合に存在する電子は高いエネルギーをもっているから，**エネルギーに富んだ結合**と考える．捕獲した太陽エネルギーは木ではセルロースのような炭素化合物に蓄えられる．これらの炭素化合物が土中に埋め込まれると，時の経過とともに，石油，天然ガス，石炭など，いわゆる化石燃料エネルギー源となる．これらはエネルギーに富んだ**炭化水素**である．炭化水素に，そのような名前がついているのは，これらの物質が炭素と水素だけからできているからである．エネルギーに富んだ化合物のいくつかを図77に示す．

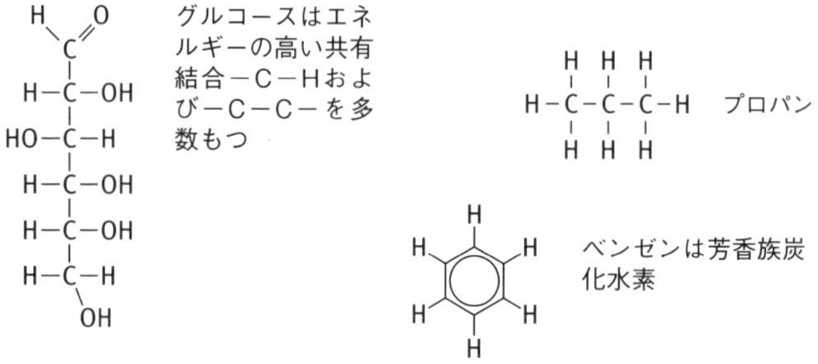

**図77　グルコースおよび炭化水素はエネルギーが高い**

　熱力学第一法則によると，エネルギーはつくることもできなければ，壊すこともできない．したがって，電気陰性度の小さい原子から電気陰性度の大きい原子へと電子が移動する場合，電子から何らかのエネルギーが周囲環境へ移されるに違いない．化石燃料を空気中で燃やすと，これらは酸化され，エネルギーが熱として放たれる．生命体のミトコンドリアで燃料を燃やすということは酸化していることであるが，違いがあるのは，段階的に放出されるエネルギーからATPをつくり，将来使用するために蓄えておいていることである．ここで指摘しておいた方がよいことは，ミトコンドリアでのエネルギーのATPへの変換効率は100％から程遠いことである．実際，相当量は熱として失われる．温血動物であるわれわれは，この熱エネルギーの大部分を酸化過程に依存している．

# 11 生体分子の反応性

**基本概念**

生体分子中の官能基は反応する部位となって，変換されたりあるいは他の分子と結合したりする．反応部位には求核的であったり，求電子的であったりするものもある．このような反応部位で起こる反応は付加反応，置換反応，脱離反応に分類できる．官能基は酵素が攻撃する部位となるうえで必須である．求核中心での，あるいは求電子中心での反応ではしばしば中間体あるいは遷移状態がつくられる．これらが酵素によって安定化されるということはよくある．このことが，酵素が触媒として，実現可能な反応経路を供給し，その機能を果たすことの基になるものである．

　反応機構を理解することは，生物学者および化学者にとっては，化学的あるいは生物工学的な工業過程を最適化したり，金属触媒，酵素による触媒を理解したり，あるいは，薬や殺虫剤のような酵素の阻害剤のデザインをしたりするうえで役立つ．

　生物内で起こっている代謝反応は多岐にわたり，表面的には非常に複雑な変換反応からなっている．生体分子は多数の原子からできている．原子間の結合のどれをとっても，化学反応が起こってもおかしくない．しかし，幸いなことに，分子の**反応しやすい部位**（反応部位）は不変的に**官能基**があるところだとわかっている．官能基はそうでない部分とは違った挙動をする．これはふつう官能基が電気陰性度の大きい原子を含み，したがって，共有結合が極性をおびているからである．以前3章で考察したように，官能基は分子間の相互作用をするうえで，決定的に重要である．分子間相互作用は分子の相互作用および分子の立体配座（かたち）を安定化する．さらに，官能基は分子の構造変換および**生体高分子**の分子構築の反応部位としても利用される．

　ある分子中の反応性をもつ部位というのは**求核中心**あるいは**求電子中心**を含むことが多い．求核中心は電子に富んでいる．すなわち，負荷電をおびていたり，孤立電子対をもっていたり，あるいは，二重結合にみられるように電子密

度が高いところをもっていたりする．求核中心は正に荷電した基，すなわち求電子基（たとえば，正に荷電したプロトン）を引き付ける．求電子中心は電子が欠落していて，負の荷電を探し求めている．

たとえば，カルボニル基をとりあげてみよう．カルボニル基（C=O）は多数の生体分子にみられる．たとえば

- RCOOH（カルボン酸），酸中
- RCHO （アルデヒド），糖質中
- $R_2CO$（ケトン），糖質中
- $RCONH_2$（アミド），タンパク質中

C=O 基には極性がある．Cが少し正の荷電（$\delta+$）で，Oが少し負の荷電（$\delta-$）をおびている．求核試薬は少し正の荷電をおびているCに引き付けられ，電子を与えようとする．求電子性のプロトンは少し負の荷電をおびているOに引き付けられる．Oは電子を供与できる．

---

**要点メモ**

電気陰性度の大きい原子がしばしば官能基の一部として見いだされる．電気陰性度の大きい原子は官能基に電気双極子をつくり，さらに結果として求核あるいは求電子中心を構成する．

---

求核的および求電子的な反応部位は，さまざまな種類の反応機構の根幹をなす．

## 11・1 付加反応

図78にある反応式はプロパノン（アセトン）とよばれるケトンが酸性条件下で水和物を形成することを示している．求核的な $OH^-$ がカルボニル基の求電子的な炭素を攻撃するのに対し，求電子的なプロトンがカルボニル基の求核的な酸素を攻撃する．このダイヤグラム中の長い曲線矢印は求核試薬による攻

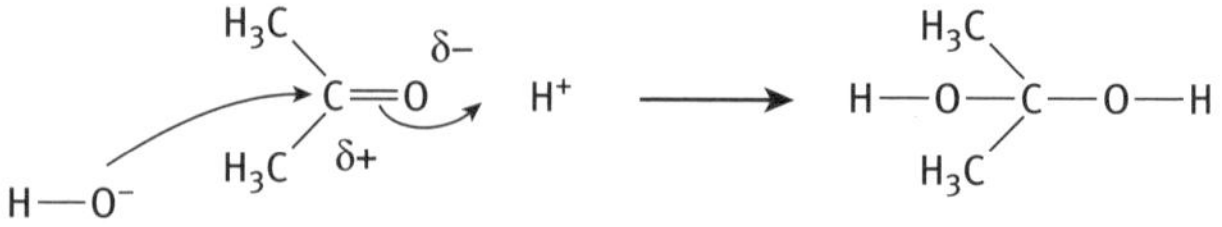

図78 ケトンへの付加反応

撃の最初の点を示している．短い曲線矢印は一対の電子の動きを示すのに用いている．この場合，π共有結合からの二つの電子が新たにプロトンとσ共有結合を形成する．

このタイプの反応は**付加反応**とよばれる（$OH^-$ および $H^+$ の両方がケトンに付加される）．

反応が求核あるいは求電子試薬のどちらかを含む場合，新しく結合が形成される場合でも，結合が切断される場合でも，電子が対となって移動する．

## 11・2 置換反応

図 79 に示したのは，ブロモエタンがアルカリ性溶液中で，エタノールを産生する反応の機構である．ブロモエタンでは臭素との共有結合が極性である（臭素の方が炭素より電気陰性度が大きいため，炭素は求電子中心である．求核的な水酸化物イオンは求電子的炭素原子中心に引き付けられ，C—Br 極性共有結

$$CH_3-CH_2\overset{\delta+}{-}\overset{\delta-}{Br} \longrightarrow CH_3-CH_2-OH + Br^-$$
$$\phantom{CH_3-CH_2-}\overset{|}{OH^-}$$

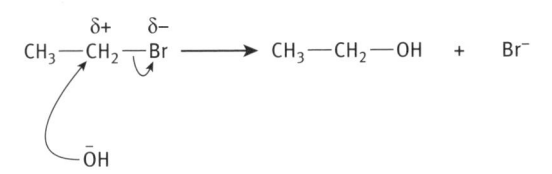

図 79 置換反応によるアルコールの生成

合の電子対を臭素原子の方へ動かすように働き，Br は OH によって置換され，結果として，アルコールと $Br^-$ が生成される．

以上は**求核置換反応**の一例である．

## 11・3 脱離反応

酸性溶液中のエタノールから脱水（水の除去）によってエテンが生成される反応をとりあげよう（図 80）．

酸素原子上の孤立電子対が $H^+$ と配位共有結合をするようになる（結合電子は二つとも酸素から供給される）．瞬間的には酸素原子に正の荷電が生じるので，電子対が C—O 結合から動いて，酸素の孤立電子対を再安定化する．この過程は結果としてエタノールからの水の形成および脱離となり，炭素原子は求電子中心を形成する．この状態はさらに再編される．この不安定な中間体分子はメチル（$CH_3$）基の C—H 結合の電子対が $C^+$ へと動いて，炭素が四価であ

ることを満たし，結果として，$H^+$ の脱離とエテンの形成となる．

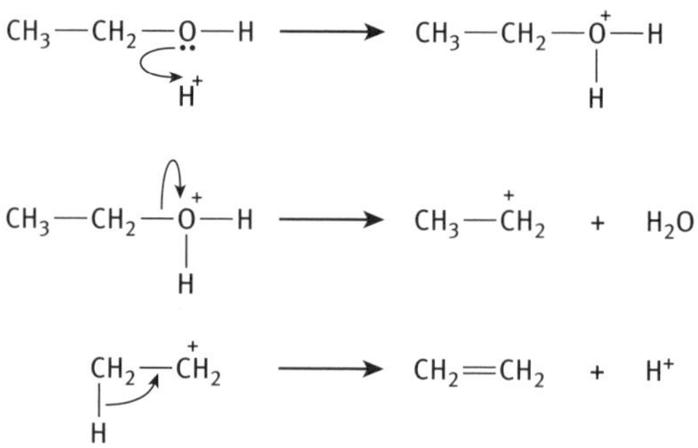

$$CH_3-CH_2-\overset{..}{\underset{|}{\overset{+}{O}}}-H \longrightarrow CH_3-CH_2-\overset{+}{\underset{|}{O}}-H$$
$$H^+ \quad\quad\quad\quad\quad\quad\quad\quad H$$

$$CH_3-CH_2-\overset{+}{\underset{|}{O}}-H \longrightarrow CH_3-\overset{+}{C}H_2 + H_2O$$
$$\quad\quad\quad H$$

$$\underset{|}{CH_2}-\overset{+}{C}H_2 \longrightarrow CH_2=CH_2 + H^+$$
$$H$$

図 80　脱離反応によるエタノールの脱水

### 要点メモ

付加反応，置換反応，脱離反応では新しく結合が形成される場合も，結合が切断される場合も関与する電子はつねに対となって動く．

## 11・4 ラジカル反応

通常，結合が切れるときは，原子あるいは分子は電子の数が奇数であったり，不対の電子をもつ状態はとらない．しかしながら，**ラジカル**は 1 個の不対電子をもっている．これは共有結合の**ホモリティック（均一）開裂**である．ラジカルは黒点を元素記号の真ん中の側面に書いて表す．たとえば，塩素ラジカルは Cl・で表す．

図 81 で示されている最初の反応は**ヘテロリティック（不均一）開裂**である．両羽の巻矢印は**一対の電子の動き**を表している．生成物は**イオン**である．第二の反応はホモリティック（均一）開裂反応で，片羽の巻矢印は 1 個の電子の動きを表す．生成物はラジカルである．

ラジカルは非常に不安定で他の化合物とすぐに反応する．必要な電子を捕まえて安定になろうとする．一般にラジカルは一番近い安定な分子を攻撃し，電子を一つ奪おうとする．攻撃を受けた分子が電子を一つ失うと，今度はその分子がラジカルになり，他の分子へと反応が進行し，**連鎖反応**が始まり，広がっていく．この過程が一度始まると，カスケード的になり，生きている細胞の傷害および崩壊となる．

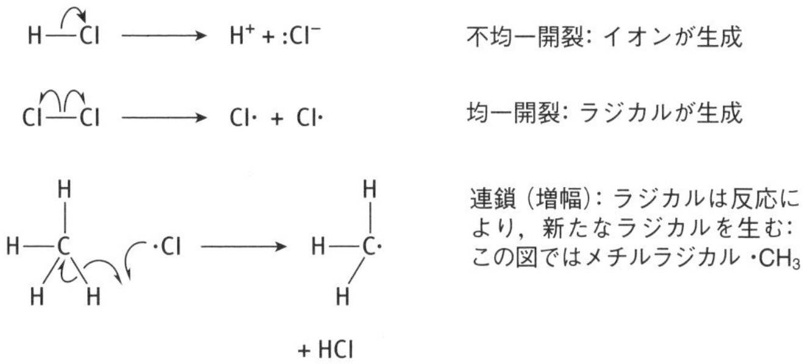

```
H─Cl  ⟶  H⁺ + :Cl⁻         不均一開裂: イオンが生成

Cl─Cl ⟶  Cl· + Cl·          均一開裂: ラジカルが生成
```

```
   H              H
   |              |
H─C─H  ·Cl  ⟶  H─C·
   |              |
   H              H
         + HCl
```
連鎖（増幅）：ラジカルは反応により, 新たなラジカルを生む: この図ではメチルラジカル ·CH$_3$

**図81** 共有結合, ヘテロリティック（不均一）開裂およびホモリティック（均一）開裂

　ある種のラジカルは正常な代謝中に生じる．実際，体の免疫系細胞ではラジカルを意図的につくり，ウイルスや細菌殺す．しかしながら，大気汚染，放射線，タバコの煙および農薬のような環境因子もラジカルを放出することもありうる．**抗酸化剤**にはさまざまな範囲の化合物があるが，これらはラジカル連鎖反応を**終結**する．抗酸化剤は電子を与え，電子を奪う反応の連鎖を終わらせるのである．ビタミンCおよびビタミンEは生物学的な抗酸化剤の具体例である．

> **要点メモ**
>
> ラジカルは共有結合のホモリティック（均一）開裂により生じ，1個の不対電子をもっている．

## 11・5　π結合と付加反応

　そんなに自明ではないのであるが，π結合も付加反応が起こりうる官能基として考慮することもありえる．思い起こしてほしいのは共有二重結合がσ結合とπ結合からなることである．π結合は電子に富んでいて，求核部位として，作用しうる（図82）．π結合は切れることが多く，π結合の電子は他の原子あるいは原子団が付加するのに使用される．
　図83にある図式で，炭素-炭素二重結合が関与する反応について考えてみよう．
　第一段階では，π結合に分子X-Yが近づく．Yの電気陰性度が大きく，し

たがって，Xは求電子的である．$X^{\delta+}$がπ結合に近づくと，X−Y結合の電子（・・で示してある）はさらにいっそうYの方に押される．

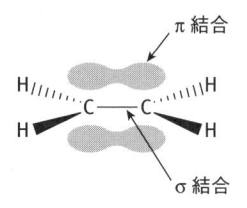

図82　電子に富んだπ結合は求核部位となる

### 要点メモ

π結合は電子に富んだ部位を供給するので，実質的な作用としては求核反応部位として働く．

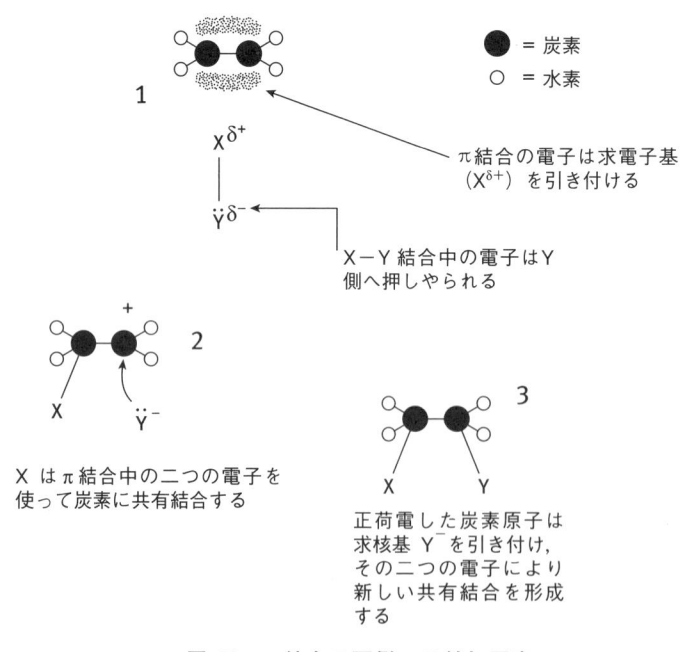

図83　π結合の両側への付加反応

第二段階では，Xはπ結合の電子二つを使って，炭素原子に新たに共有結合を形成する．π結合はもともと各炭素原子からの一つずつの電子を使ってでき

ている．しかし，二つの電子は両方とも原子Xとの結合をつくるために使われている．このことは右側の炭素原子には1個電子が欠けていることになる．つまり，炭素は正に荷電している．第三段階では，もともとX-Yの結合に使用されている電子対をYはもっている．この一対の電子は電子欠乏の炭素と新たに共有結合をつくりうる．

このように，付加反応は炭素間の二重結合を挟む炭素原子の両方に起こるのである．π共有結合は付加反応が起こるうえで，電子の供給源として有効である．

## 11・6 官能基が分子を連結していく

生物の最も大きな特徴は単純な分子を連結していき，**巨大分子**を形成する能力である．炭水化物，タンパク質，核酸は**高分子**，すなわち多数の**単量体**を連結して形成した大きな巨大分子である．巨大分子は構造的（骨や結合組織中のコラーゲン，植物のセルロース），機能的（たとえば，酵素やホルモンなど），情報の貯蔵（たとえばDNA），エネルギーの蓄え（たとえば，グリコーゲンやデンプン）などの役割をもつ．

糖の単量体上にあるヒドロキシ基は脱水（水の脱離）縮合反応して糖の連結をつくり，やがてはデンプンのような巨大分子を構築する．たとえば，デンプ

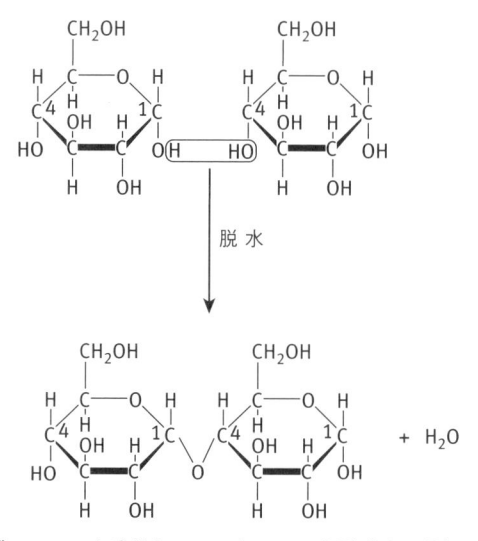

図84 グルコースを連結して，アミロースを形成する過程の第一段階

## 11. 生体分子の反応性

ンの構成要素であるアミロースは代表的なものでは 200 個ないし 20,000 個のグルコース単位からなる（図 84）.

一つのグルコース分子の 1 位の炭素原子と，もう一つのグルコース分子の 4 位の炭素原子の間にできた結合を 1,4-グリコシド結合という.

同様に，これまでみてきたことだが，アミノ酸も縮合反応によりペプチド結合でつながり，タンパク質とよばれる高分子を形成する．この場合も反応にはアミノ酸のカルボキシ末端中のヒドロキシ基が水の脱離にかかわっている（図 85）.

**発　展**
ペプチド
結　合
(p.28)

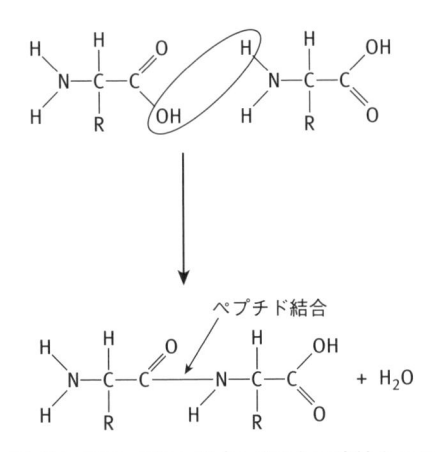

図 85　アミノ酸はペプチド結合で連結される

核酸鎖の骨格はヌクレオチドの高分子である．これらの結合は脱水反応によって形成する．この場合はリン酸基と隣りのヌクレオチドの 3′- および 5′- ヒドロキシ基の間でホスホジエステル結合が形成される．核酸の場合も，糖分子の 3′ および 5′ 位置のヒドロキシ基が連結していく部位を提供している（図 86）.

重合反応により，核酸は形成される（図 87）．核酸ポリマー鎖同士は塩基間の相補的水素結合（3 章を見よ）によって二重鎖に保持されている.

---

**要点メモ**

炭水化物，タンパク質および核酸は高分子でそれぞれ単量体の官能基を介して連結している.

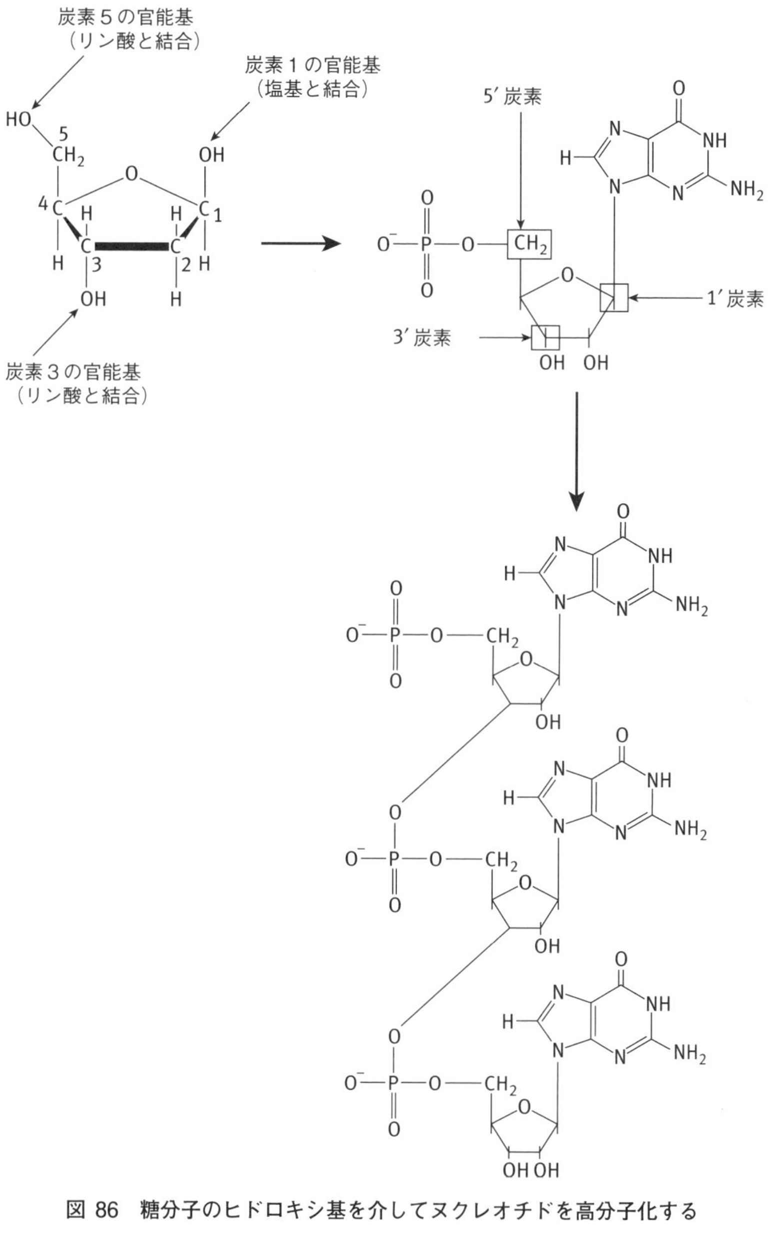

11・6 官能基が分子を連結していく　153

図 86　糖分子のヒドロキシ基を介してヌクレオチドを高分子化する

154   11. 生体分子の反応性

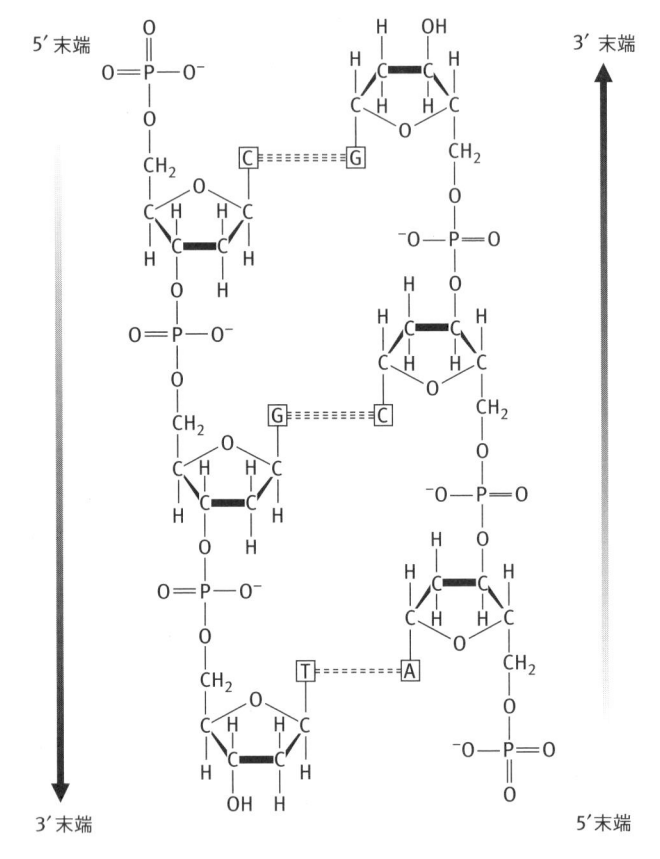

塩基 A＝アデニン, C＝シトシン, G＝グアニン, T＝チミン

図 87　二重らせん核酸

## 11・7　酵素触媒反応

　8・2節でどのようにして酵素が別の反応経路，すなわち，活性化エネルギーがもっと低い経路を供給することができるのかを考えた．このような酵素の能力こそ，生物触媒としての役割の基となるものである．しかし，もっと厳密に酵素はいったいどのようにして別の反応経路を供給できるのであろうか．その手がかりはエタノールの脱水によりエテンを生じる脱離反応のスキーム（図80）にある．このスキームでは多数の中間体が示されている．このような中間体は一般に非常に不安定で短寿命の**遷移状態**にある．実際，酵素があると，遷

> 発 展
> 酵素触媒
> (p.156)

移状態の異なる，多数の遷移状態がつくられ，反応物から生成物へと至る反応経路は活性化エネルギーがより低いものにすることができる．

## 11・8 まとめ

1. 官能基は生体分子中の反応部位となる．これらは求核中心あるいは求電子中心である．
2. 活性部位の反応の種類は，付加，置換あるいは脱離に分類できる．
3. ラジカルは共有結合の均一開裂によって産生される．これは通常共有結合の切断では，不均一開裂であるのと逆である．
4. π分子軌道は求核付加反応の部位となりうる．π結合の二つの電子が使われて，原子あるいは原子団が二重結合の両端に付加される．
5. 官能基が利用されて，単純な分子（単量体）が多数結合することで，大きな巨大分子（高分子）を形成する．生物にみられる代表的な反応には脱水縮合反応（水の脱離が起こる）があり，単量体のヒドロキシ基を介して，多糖，タンパク質，核酸のような巨大分子が形成される．

## 11・9 自己診断テスト

解答は166ページ．

問 11・1　分子上の求核中心および求電子中心とは何を意味するか説明しなさい．

問 11・2　なぜ，π結合は求核的な部位であると考えられるのか．

問 11・3　次の反応式で起こっていることを説明しなさい．

問 11・4　酵素と活性化エネルギーと遷移状態との間の関連を説明しなさい．

問 11・5　イオンとラジカルの違いを説明しなさい．

## ▶ 発 展

### 11・10 酵素触媒

　　酵素は生物学的触媒である．細胞の中では熱力学的に可能ではないような数百種類の化学反応を酵素は可能にしている．酵素は酵素が働く**基質**に対して高度の特異性をもち，また，活性を調節しうることから，高度に複雑に絡みあって，統合化されている細胞内の代謝が可能になっている．

　　酵素はタンパク質である．大きな三次元のアミノ酸ポリマーで，特異的な立体配座（形状）をとり，限られた基質のみを認識する．基質認識の高度な特異性は各酵素の**活性部位**の三次元構造によるものである．活性部位は三次元構造中の領域で，特定の形状およびサイズの基質のみを収容できる．錠とかぎ（かぎとかぎ穴）の関係のアナロジーが引用できる．酵素が錠であり，これには一つのかぎしかはまらないのは酵素の基質特異性とよく合う．

　　優れた触媒である酵素の性質をリストアップすることは，比較的単純明快である．

- 酵素は基質を**結合**し，そのまま保持している（これは分子同士のランダムな衝突に依存するよりははるかに効率がよい）．これは化学触媒が働くときによくある方法である．触媒の表面に分子あるいは原子を結合し，呈示する．
- 酵素が反応を進めることができる（反応速度を速くする）のは，活性化エネルギーの低い別の反応経路をつくるからである．

　　言うのはたやすいが，実際正確にどのようにして酵素は基質を特異的に**認識**し，反応を速くすることを可能にしているのであろうか．

#### 基質の結合

　　ペプチド結合からなる高分子（タンパク質）の酵素がこのような機能をもっている秘密はそのアミノ酸配列にある．アミノ酸の一般的な構造を次に示す．

$$H_2N-\underset{\underset{R}{|}}{\overset{\overset{H}{|}}{C}}-COOH$$

タンパク質のポリペプチド鎖では各アミノ酸のアミノ（$NH_2$）基およびカルボ

キシ（COOH）基はペプチド結合の形成に使用されている．R基が各アミノ酸に特異的である．

R基にはアミノ酸によっては，カルボキシ基あるいはアミノ基があり，これらは生理的なpHでは，荷電している（解離あるいはプロトン化）．たとえば

- グルタミン酸のR基，$HOOC(CH_2)_2-$ は解離して $^-OOC(CH_2)_2-$
- リシンのR基，$H_2N(CH_2)_4-$ はプロトン化して $^+H_3N(CH_2)_4-$

R基には極性だが解離しないものがある．その一つはシステイン，$HS-CH_2-$ のスルフヒドリル基で，比較的電気陰性度の大きい原子を含んでいる．

また，別のR基にはロイシン $(CH_3)_2-CH-CH_2-$ のように無極性のものもある．

以上のようにR基にはさまざまなものがあるが，さらに，各ペプチド結合はカルボニル（$-C=O$）基とアミノ（$-NH_2$）基とをもつ．どちらも**官能基**である．R基のかなりの数のものが，生理的pHで電離して電荷をもっていたり，あるいは電気陰性度の大きい原子をもっていて，極性共有結合を含んだりしている．このような基が酵素の**活性部位**の三次元表面（平面ではない）にどのように配置されているかによって，基質分子自身も相互作用する官能基をもつので，基質と電荷-電荷の相互作用あるいは疎水性の相互作用において，特異的な組合わせができるようになっている．活性部位でのアミノ酸の特異的な立体配置が特定の基質とだけの特異的な相互作用をすることになる．言い換えると，酵素は分子間相互作用によって，その基質と結合する．3章で，このような分子間力は比較的弱くかつ可逆的である（すなわち，これは分子内の原子と原子を結びつける共有結合と逆である）ことを学習した．この分子間力こそが分子同士が**結合**することの基盤である．分子間結合が生物学の中心的な概念である．酵素はその基質と結合し，ホルモンはその受容体と結合し，抗体は抗原と結合する．分子レベルでの生物現象では分子が互いに結合することがまず起こる．これが分子認識であり，このあとに作用が生まれる．

## 別の反応経路の設定

酵素の第二の性質，すなわち，活性化エネルギーの低い別の反応経路を設定するという特徴についてであるが，これもさまざまなアミノ酸のR基が多様な性質をもつことによる．このことを酵素**キモトリプシン**の作用機構を考えることによって，わかりやすく説明できる．キモトリプシンは小腸に分泌される

酵素で，タンパク質のペプチド結合を加水分解する反応を触媒する．言い換えると，この酵素はタンパク質を消化して，より小さいペプチドさらにはアミノ酸にすることで，体の中に吸収されうるようにする．

ペプチド結合の化学的加水分解は実験室では非常に遅い反応過程で，強酸を触媒として加えない限り，進まない．

$$\underset{\text{アミド}}{R-\underset{\underset{O}{\|}}{C}-\underset{\underset{H}{|}}{N}-R} + \underset{\text{水}}{\underset{\underset{H}{|}}{O}-H} \rightleftharpoons \underset{\text{カルボン酸}}{R-\underset{\underset{O}{\|}}{C}-\underset{\underset{H}{|}}{O}-H} + \underset{\text{アミン}}{\underset{\underset{H}{|}}{N}-R}$$

しかし，小腸内では，pH が中性であるのだが，キモトリプシンによって触媒される反応は非常に速い．

キモトリプシン触媒の機構には六つの段階がある．これらを以下に順に説明する．

**段階 1**：タンパク質が酵素キモトリプシンの活性部位へ近づく．キモトリプシンの活性部位はフェニルアラニンのような無極性の側鎖をもっているタンパク質部分と結合する（キモトリプシンの活性部位のアミノ酸 R 基もやはり無極性である）．タンパク質が活性部位に収まると，キモトリプシンのアミノ酸配列で 195 番目の位置にあるセリン（Ser-195）から $H^+$ が離脱して，57 番目のヒスチジン（His-57）へ結合する．セリンのヒドロキシ基の酸素原子は基質タンパク質のペプチド結合の炭素に共有結合を形成し，その結果，カルボニル基の π 結合の二つの電子を酸素の方へ押しやる．基質分子の変換における一つの遷移状態で，これが酵素の活性部位によって安定化されている．

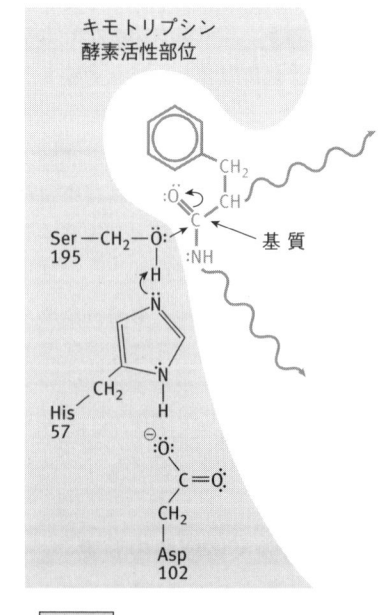

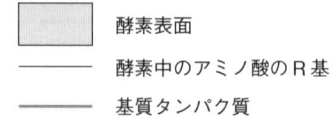

**段階 2**: His-57 上の正電荷は 102 番目のアスパラギン酸 (Asp-102) 上の負電荷で安定化されている．ペプチド結合のカルボニル基の二重結合が再形成されると，ペプチド結合中の炭素と窒素の間の結合が切断される．窒素を含む基は His-57 からの水素原子と結合することにより安定化される．これが基質変換の第二の遷移状態である．

**段階 3**: 切断されたペプチド結合由来の窒素原子を含むポリペプチドの部分は活性部位からはずれ出る．これが基質変換の第三の遷移状態である．

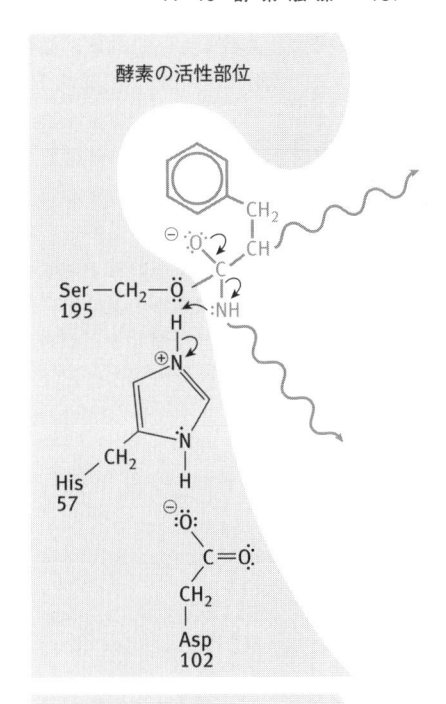

**段階 4**：水分子が活性部位に移動する．水分子中の酸素原子から $H^+$ が離れて His-57 上の窒素原子へと動く．この結果，水の酸素原子は基質の炭素原子に結合を形成することができる．段階 1 のときのように，π結合からの電子対はカルボニル基の酸素原子上の孤立電子対になる．これがもう一つの基質変換の遷移状態であることは明白である．

**段階 5**：カルボニル二重結合が再形成されると，基質ペプチドの炭素と Ser-195 の酸素との間の結合は切断される．Ser-195 の OH 基は $H^+$ が His-57 から転移され復元する．この段階で，Ser-195 と His-57 はもともとの構造に戻っている．

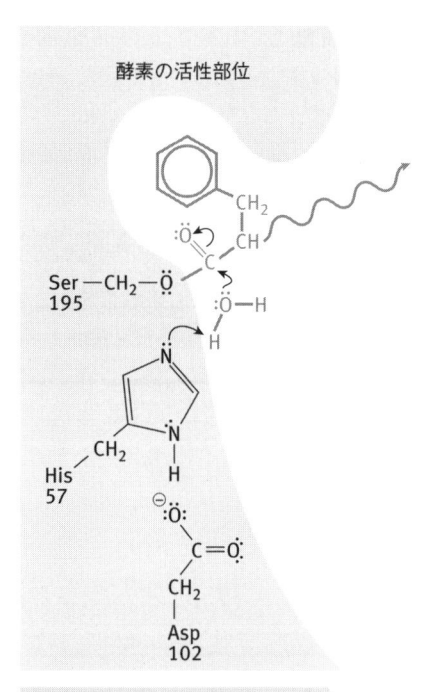

**段階 6**: 基質の残りの部分は活性部位からはずれて，酵素から出ていく．活性部位は元の形に戻り，上記段階 1 〜 5 を別のタンパク質分子に対して繰返す．

**酵素の活性部位**

Ser—CH$_2$—Ö:
195

His
57

Asp
102

　この反応機構でも相当省略してある．しかし，これからも，この化学変換において，いくつもの遷移状態が存在することだけははっきりみることができる．これらの遷移状態は酵素活性部位に，異なる官能基が入ってくることで安定化されている．

　タンパク質分子上の官能基は，特異的な結合部位を構成し，触媒過程を媒介し，さらに分子内での分子間相互作用を可能にして，タンパク質分子の活性，機能的三次元形状を決めている．

# 自己診断テストの解答

**1・1** 水素-1 ($^1_1$H) は陽子を一つもつだけで，質量数は 1．水素-2 ($^2_1$H) あるいは重水素はもう一つ余計に中性子をもつので質量数は 2 (1 個のプロトン＋1 個の中性子)．水素-3 ($^3_1$H) あるいはトリチウムは二つの中性子で質量数 3 (1 個のプロトン＋2 個の中性子)．

**1・2** (a) 一つだけ，1s
(b) エネルギー準位 2 には 2 種類の原子軌道がある．すなわち，2s と 2p である．全部で四つの原子軌道がある．すなわち，2s ＋ $2p_x$ ＋ $2p_y$ ＋ $2p_z$．

**1・3** 原子核の周囲で，電子をみつける確率が高い空間領域

**1・4** (a) 10; 1s に 2 個，2s に 2 個，三つの 2p 原子軌道のそれぞれに 2 個
(b) これは無反応性の元素であると予想される．それは共有結合あるいはイオン結合に関与しうる外殻エネルギー準位にある電子で対になっていないものがないからである．エネルギー準位 $n=2$ の 2s および 2p 原子軌道は満杯である (この元素は実際には不活性ガスの一つのネオンである)．

**1・5** (a) 1s, 2s, ($2p_x$, $2p_y$, $2p_z$)．2p 原子軌道はどれも等しいエネルギーをもつ．
(b) 核に最も近い原子軌道は最も低いエネルギーをもつ．

**2・1** 二つの原子の原子軌道が混ざって，分子軌道を形成し，電子は共有結合中に共有される．

**2・2** σ 分子軌道は s あるいは p 原子軌道が頭と頭で混ざることで，形成される．一方 π 分子軌道は二つの p 原子軌道が側面で混ざることで形成される．

**2・3** 非対称的な共有結合とは結合中の電子が電気陰性度の大きい原子の方へ引っ張られ，双極子 (電荷の分離，すなわち，極性のこと) をつくる．原子上に部分電荷があると，水と分子間の電荷-電荷相互作用が可能になる．

**2・4** 実際には何もない．配位結合は他の同様な共有結合と同じで，変わったことはない．違いがあるのは結合を構成している二つの電子の両方とも，結合中の原子の一方だけから供与されていることである．通常の共有結合では結合を形成している二つの原子のそれぞれから，一つずつ電子がきているのであるが．

**2・5** オクテット則は"発展: 周期表"の節 (p.13) で説明されている．軽い元素の大部分は，外殻あるいは価電子殻を完結するには八つの電子が必要である．これにより，安定で，不活性の状態になる (周期表の 18 族)．このようなことに関する事実のことをオクテット則に従うという．

**3・1** (a) 水素結合
(b) 水素結合に関与する官能基として，しばしば出会うものにはヒドロキシ基 (−OH)，カルボニル基 (−C=O) およびアミノ基 (−NH$_2$) がある．

**3・2** 水素結合は (i) 分子間相互作用のなかでは比較的強いもので，(ii) 比較的一定の長さをもち，(iii) pH 依存性が高い傾向にある．(訳注: 方向性がある水素原子を挟んで，三つの原子が直線上に近いほど，結合が安定化する)

**3・3** 分子間相互作用は (i) 共有結合より弱く，(ii) 水の中では比較的速く結合がで

きたり離れたりし，(iii) pH に依存する傾向がある．

**3・4** ファンデルワールスの短距離分子間相互作用

**3・5** (c) と (e); (c) ではメチル基 ($CH_3$) は C と H の電気陰性度が同程度であるので，無極性である．(e) では炭素環状構造は特に疎水性が強い．(f) の環構造はヒドロキシ基が付いているので極性となっている．

**4・1** 物質量（モル）＝ グラムで表した質量/モル質量．したがって，0.01/6000 = $1.67 \times 10^{-6}$ すなわち，1.67 マイクロモルのインスリン．

**4・2** エタン酸（酢酸）の $M_r$ は $(12 \times 2) + (4 \times 1) + (16 \times 2) = 60$ である．言い換えると，エタン酸 60 g が 1 モルである．エタン酸の 1 M 溶液，1 L には 1 モル (60 g) のエタン酸が含まれる．エタン酸の 0.1 M 溶液には，1/10 モル (6 g)．これから，10 L の 0.1 M エタン酸溶液をつくるには，$10 \times 6 = 60$ g のエタン酸が必要である．

**4・3** 10 g のグルコースは 10/180 = 0.055 モルに相当する．したがって，50 mL の溶液中に 0.055 モルのグルコースが存在する．モル濃度は，1 L 当たりのモル数である．50 mL に 0.055 モルであるから，1 L には $0.055 \times 1000/50$ モルあるので = 1.1 M となる（モル濃度は体積によって変化しないがモル数は変化することに注意）．

**4・4** グリシンの原液は 0.02 M であるので，溶液 1 L には 0.02 モルのグリシンが含まれる．したがって，この溶液 1 mL には $0.02/1000 = 2 \times 10^{-5}$ モルが含まれている．もちろん，溶液が 1 mL になっても 0.02 M である．酵素活性測定溶液の全体積は 3 mL であり，そのうちの 1 mL が加えたグリシン溶液からきている．全体積の中に $2 \times 10^{-5}$ モルのグリシンがあるので，濃度は薄まっている．モル濃度は 1 対 3 の希釈であるから，0.02/3 = 0.0067 M ($6.7 \times 10^{-3}$ M)．

**4・5** 1.2 g のグリシンは 1.2/75 = 0.016 モルである．(a) これを含む溶液 100 mL のうちの 1 mL には 0.016/100 = 0.00016 モルある．

(b) この溶液 1 L は $1000 \times 0.00016$ モル = 0.16 mol L$^{-1}$ すなわち，この溶液のモル濃度は 0.16 M である．

(c) この溶液 1 mL には $0.00016 \times 6.022 \times 10^{23}$ (1 モルは $6.022 \times 10^{23}$ 分子＝アボガドロ数) = $9.635 \times 10^{19}$ 分子が含まれる．

**5・1** $sp^3$ 混成炭素原子には一つの 2s と三つの 2p 原子軌道に由来する合計四つの混成原子軌道がある．$sp^2$ 混成炭素では一つの 2p 原子軌道はそのまま残して，三つの混成原子軌道がある．

**5・2** メタンでは炭素は $sp^3$ 混成である．その四つの混成原子軌道はそれぞれ水素と共有結合をつくる．四つの C－H 結合は互いに最も離れて存在するように配置する．その結果，メタンの三次元の形状は正四面体の形となる．

**5・3** (a), (b), (d) のどれも四つの σ 共有結合を形成している．すなわち，炭素は $sp^3$ 混成である．

(a)
```
    H H H
    | | |
H－C－C－C－H
    | | |
    H H H
```

(b)
```
    H H
    | |
H－C－C－H
    | |
    H H
```

(c)
```
    H H
    | |
    C＝C
    | |
    H H
```

(d)
```
    H
    |
H－C－H
    |
    H
```

しかし，(c) では，炭素がその原子価を満たし，四つの共有結合のできる方法は炭素が $sp^2$ 混成であり，混成していない p 軌道を介して π 結合が形成される．その結果，炭素-炭素の二重結合ができる．

**5・4** B と C．B では六つの炭素のうち四つは $sp^2$ 混成している（二つの二重結合の両側にある）が，C ではどの炭素も $sp^2$ 混成しており，環は芳香族性をもつ．A ではどの炭素も $sp^3$ 混成で，どの炭素もそれぞれ両隣の二つの炭素と二つの水素（図に水素原子は書いてないが）と四つの共有結合をしている．

**6・1** (i)；二つの分子は構造異性体である．

**6・2** 四つの分子は互いに立体異性体である．鏡像異性体は互いに鏡像の関係にあり，ジアステレオマーは鏡像の関係にないもの．

**6・3** キラル中心（大概は不斉炭素原子である）に四つの異なる原子団が結合している．

**6・4** 可能な立体異性体の数は $2^n$ である．ここで $n$ はキラル中心の数．したがって答は $2^6 = 64$ となる．

**6・5** 平面偏光を旋光する効果があるかどうかを測定する．D-グルコースは平面偏光を右へ回転（右旋性）するのに対し，L-グルコースは左へ回転（左旋性）する．

**7・1** 水分子は双極子である．電気陰性度の大きい酸素原子は電子を自分の方へ引き付け，その結果，水素原子が部分的に正の荷電をもつようになる．ここに示されている図のような位置関係にある水分子同士は反発し合う．

**7・2** (a) 酸とは電離により $H^+$ をつくる物質である．
(b) 強酸は実質上，完全に電離する（その解離定数 $K_a$ は非常に大きい）．一方，弱酸はほんの一部だけ電離し，$K_a$ は小さい．
(c) pH の尺度は対数尺度で，通常 0 から 14 の間で用いる．
(d) pH が 1 異なることは $[H^+]$ としては 10 倍増加（もしくは減少）することを思い起こそう．pH が 9 から 4 に，pH 単位で 5 変わることは $10 \times 10 \times 10 \times 10 \times 10$ に等しい．すなわち $[H^+]$ は 100,000 倍増加する．

**7・3** (a) 強酸が完全に電離するものとすると，$[H^+] = 0.05$ M．だから，式 $pH = -\log[H^+]$ を用いると，
$$pH = -\log[0.05]$$
$$= -(-1.30)$$
$$= 1.30$$
(b) pH 6.2 の溶液の $[H^+]$ は次のようになる．
$$6.2 = -\log[H^+]$$
$-6.2$ の真数は $6.3 \times 10^{-7}$ である（真数を得るには，電卓では "shift" $10^x$ に $-6.2$ を入れるなどする）．したがって，$[H^+] = 6.3 \times 10^{-7}$ M となる．

**7・4**
$pK_a = -\log_{10} K_a$ だから
$pK_a = -\log_{10}(1.8 \times 10^{-5})$
$= -(-4.74)$
$= 4.74$

**7・5** ヘンダーソン-ハッセルバルヒの式を用いる．
$$pH = pK_a + \log \frac{[塩基]}{[酸]}$$
$$= 4.75 + \log \frac{0.05}{0.10}$$
$$= 4.75 + (-0.30) \quad (\log \frac{0.05}{0.10} \text{ が}$$
$-0.30$ であることを求めるには，電卓では log を押し，$0.05 \div 0.10$ を入れる）
$= 4.45$

**7・6** ヘンダーソン-ハッセルバルヒの式を用いる．

$$\text{pH} = \text{p}K_a + \log\frac{[\text{塩基}]}{[\text{酸}]}$$
$$= 8.08 + \log\frac{0.186}{0.14}$$
$$= 8.08 + (0.123)$$
$$= 8.20$$

**7・7** p$K_a$ 4.2 の分子が最も酸性の溶液となる．p$K_a$ = $-\log K_a$ の式から，各 p$K_a$ について，$-$p$K_a$ の真数を求めると $K_a$([H$^+$]) はそれぞれ $6.31\times10^{-5}$ M，$1.58\times10^{-7}$ M，$6.31\times10^{-9}$ M となる．

**8・1** (c) が正しい．細胞には仕事へ転換できるような温度の勾配はない．

**8・2** (b) が正しい．これだけが異化代謝過程で，他はどれも合成（同化）代謝であり，その過程が起こりうるためにはエネルギーの投入が必要である．

**8・3** (c) が正しい．活性化エネルギーを下げること．

**8・4** 発エルゴン反応/過程というのは自由エネルギーの放出となるもの，すなわち，$\Delta G$ が負であるもののことである．吸エルゴン過程（$\Delta G$ が正）では自由エネルギーの導入を必要とする（通常は発エルゴン過程と共役させる）．

**8・5** (a) まず，エントロピー変化を計算するには式 $\Delta G = \Delta H - T\Delta S$ を用いる．
$$-3089.0 \text{ kJ mol}^{-1} =$$
$$-2807.8 \text{ kJ mol}^{-1} - (310\times\Delta S)$$
$$[T = 273 + 37 = 310 \text{ K}]$$
簡単には，両辺に $2807.8$ kJ mol$^{-1}$ を加えると
$$-281.2 \text{ kJ mol}^{-1} = -310 \text{ K} \times \Delta S$$
$$\Delta S = \frac{-281.2 \text{ kJ mol}^{-1}}{-310 \text{ K}}$$
$$= 0.907 \text{ kJ mol}^{-1} \text{ K}^{-1}$$
（マイナスをマイナスで割るとプラスになる）

(b) この反応に与えられた熱力学的データはこの反応が自然に起こることを示唆している．すなわち，$\Delta G$ が負である．$\Delta H$ も負（反応は発熱）．さらに計算結果としての $\Delta S$ は正である．この反応は実現されうる．エンタルピー駆動であり，エントロピー駆動でもある．

**9・1** 平衡定数，$K_{eq}$ は次で与えられる．
$$K_{eq} = \frac{[2\text{-オキソグルタル酸}][CO_2][\text{NADH}][H^+]}{[\text{イソクエン酸}][\text{NAD}^+]}$$

**9・2** 平衡定数が $3.18\times10^{520}$（これは非常に大きい）であることはこの反応はほとんど完結するところまでいき，反応物はほとんど残らないことを意味する．

**9・3** 式 $\Delta G^{\circ\prime} = -RT\ln K_{eq}$ に数値を入れると
$$-3.7\times10^3 \text{ J mol}^{-1} =$$
$$-8.314 \text{ J K}^{-1}\text{ mol}^{-1}\times 310 \text{ K}\times\ln K_{eq}$$
（$\Delta G$ に $10^3$ を掛けるのは，$R$ がジュール単位であるのに対し，$\Delta G$ はキロジュール単位であるから．また，絶対温度 $T$ は，$273 + 37 = 310$ K）
したがって
$$\ln K_{eq} = \frac{-3.7\times10^3}{-8.314\times310}$$
$$= 1.44$$
これから，$K_{eq} = 4.20$ M （電卓のキー "shift" $e^x$ を押して，$e^{1.44} = 4.20$）
この反応の $\Delta G$ は比較的小さいので，$K_{eq}$ の値も低い．このことは相当量の反応物がまだ存在していることを示す．

**9・4** 式 $\Delta G^{\circ\prime} = -RT\ln K_{eq}$ であり，$R$（気体定数）はジュール単位で与えられているので，単位を合わせて数値を入れると
$$-13000 \text{ J mol}^{-1} = -8.314 \text{ J K}^{-1}\text{ mol}^{-1}$$
$$\times 310 \text{ K} \times \ln K_{eq}$$

$$\ln K_{eq} = \frac{-13000}{-8.314 \times 310}$$

$\ln K_{eq} = 5.04$

$K_{eq} = 1.55 \times 10^2$ M

**10・1** (a) の二つの半反応は: $Zn \longrightarrow Zn^{2+} + 2e^-$ および $Cu^{2+} + 2e^- \longrightarrow Cu$

(b) の二つの半反応は: $Fe^{2+} \longrightarrow Fe^{3+} + e^-$ および $Cu^{2+} + e^- \longrightarrow Cu^+$

**10・2** (a) 二つの半反応は次のようである.
アセトアルデヒド $+ 2H^+ + 2e^- \longrightarrow$ エタノール

$NADH + H^+ \longrightarrow NAD^+ + 2e^- + 2H^+$

(b) p.136の酸化還元電位の値の表を用いると, アセトアルデヒド/エタノールの $E^{\circ\prime} = -0.2$ Vで, $NAD^+/NADH$ の $E^{\circ\prime} = -0.32$ Vである. しかし, 示された反応では NADH は酸化される. だから, 酸化還元電位の符号を逆にする (慣用では酸化還元電位は還元反応に対するもの). したがって $E^{\circ\prime}$ は $+0.32$ Vとなる.

電子はより負の酸化還元電位からより正の酸化還元電位に流れていくことを思い起こそう. ここでは NADH の酸化 ($E^{\circ\prime} = 0.32$ V) から, アセトアルデヒドの還元 ($E^{\circ\prime} = -0.2$ V) へと電子は流れる. だから, 反応は好ましい方向となり, 左から右へ進行する.

**10・3** CoQ の還元 ($CoQ \rightarrow CoQH_2$) についての酸化還元電位の値, $E^{\circ\prime}$ は 0.10 Vであり, シトクロム $c$ の還元 (シトクロム $c$ ($Fe^{2+}$) → シトクロム $c$ ($Fe^{3+}$)) の $E^{\circ\prime}$ は 0.254 Vである. 書かれた反応は CoQ の還元 ($E^{\circ\prime} = 0.10$ V) で, 電子はシトクロム $c$ の酸化 (符号を逆にして, $E^{\circ\prime} = -0.254$ V) により供給される. 電子が流れていく方向は酸化還元電位がマイナスからプラスへである. つまり, この反応は右から左へ向かって自然に動くことになる. したがって, こ

こで示した反応は進まない.

**10・4** 酸化還元電位の表の値を用いると, コハク酸は酸化される (電子を二つ FAD に与える) ときの $E^{\circ\prime}$ は $-0.03$ Vである. FAD の還元の $E^{\circ\prime} = -0.18$ V. 酸化還元電位の変化量 ($E^{\circ\prime}$): $-0.03 + (-0.18) = -0.21$ V. この値を式に導入すると

$\Delta G^{\circ\prime} = -nFE^{\circ\prime}$
$\Delta G^{\circ\prime} = -2 \times 96{,}485 \times (-0.21)$
$\Delta G^{\circ\prime} = +40{,}524$ J mol$^{-1}$

(マイナスが二つあるのでプラスになる) この反応の $\Delta G^{\circ\prime}$ 値は正であり, 反応が進行することは無理で, 右から左へは進める.

**10・5** この反応では $NAD^+$ は還元され NADH になる ($E^{\circ\prime} = -0.32$ V). 一方, リンゴ酸は酸化されてオキサロ酢酸になる ($E^{\circ\prime}$ は $+0.17$ V). この反応の $E^{\circ\prime}$ は $-0.32 + 0.17 = -0.15$ Vとなり, この値を式に入れると

$\Delta G^{\circ\prime} = -nFE^{\circ\prime}$
$\Delta G^{\circ\prime} = -2 \times 96{,}485 \times (-0.15)$
$\Delta G^{\circ\prime} = 28{,}946$ J mol$^{-1}$

(二つのマイナスでプラスへ) $\Delta G^{\circ\prime}$ が正であることはこの反応が進むのは無理で, 右から左へは進める.

**11・1** 分子上の求核部位は電子に富んでいる領域であり, プロトンのような求核を引き付ける. 求核部位は電気陰性度の大きい原子が極性共有結合, π結合, 原子上の孤立電子対あるいは電離した基があることなどで生じる. 求電子中心は正の電荷をもつもので, その結果, 求電子試薬を引き付ける.

**11・2** π結合は二つのp原子軌道の側面同士で (サイドバイサイド) の融合で形成される. σ共有結合の上下に電子雲を形成する. 付加型の反応においてπ結合の二つの電子に対して, 求電子試薬が容易に付加する.

**11・3** 炭化水素分子（エテン）は炭素–炭素二重結合をもつ．分子 A–B で B の方の電気陰性度が大きく，このことが図では B 上に負電荷，A 上に正電荷，二つの電子が B の近くにあることで示されている．したがって，A は求電子試薬であり，π 結合に引き付けられる．A–B 結合が π 結合に近づくと，A–B 結合の電子はもっと強く B の方に押し付けられ（図では小さい矢印で示す）．この結果，A–B 結合は大きく分極し，ついには切断される．A は π 結合の二つの電子を用いて，炭素と新しく結合を形成する（一種の配位結合）．この結果もう一つの炭素に正の電荷を残す（この段階でここは求電子部位）ことになり，正の電荷をもつ炭素原子は B⁻ の孤立電子対を引き付ける．B が C に付加して，新しい共有結合の形成に必要な二つの電子を供給する．

**11・4** 酵素は生物学的触媒で，活性化エネルギーの低い別の反応経路を与えることで，反応が起こることを可能にする．酵素の活性部位が基質と分子間相互作用することにより，さまざまな遷移状態の安定化を可能にし，このことが活性化エネルギーの低い，別の反応経路の基になる．

**11・5** 共有結合が切断されると，通常は不均一開裂で起こる．すなわち，結合の二つの電子は結合していた二つの原子のうちのどちらか片方だけにいく．結果として一つの原子は電子を獲得し（負の電荷をおびた状態になり），もう一方の原子は電子を失い，正に荷電する．この場合も二つのイオンが生じることになるが，イオンとして実在するのは，ほんの瞬間だけである．どちらの場合も，通常起こることは，共有結合であろうとイオン結合であろうとそれらの結合を構成している二つの電子は，結合の切断に際し，二つの原子の片方だけにいく．しかしながら，共有結合が均一開裂するときはラジカルが形成される．すなわち，結合は等しく開裂し，結合の二つの電子は二つの原子の間で均等に分けられる．この結果，ラジカルができる．ラジカルは 1 個の不対電子をもった原子である．これは不安定な状態で，原子は非常に反応性に富んでいる．どこかに対になるような余分な電子はないかという状態である．1 個の電子を獲得する手段に，別の原子からとってくることがある．その結果，もう一つ別のラジカルをつくり，さらに別のをつくっていくというふうに連鎖反応になる．このような反応は生物分子に重大な傷害をひき起こす．

# 付録1 よく知られている化合物の化学式，名称，性状

| 化学式 | 名　称 | 化合物の性状 |
|---|---|---|
| HCl | 塩　酸 | 水溶液は強酸 |
| $H_2SO_4$ | 硫　酸 | 水溶液は強酸 |
| $HNO_3$ | 硝　酸 | 水溶液は強酸 |
| $H_3PO_4$ | リン酸 | 水溶液は弱酸 |
| $NH_3$ | アンモニア | 水溶液は弱塩基 |
| $CO_2$ | 二酸化炭素 | STP（標準状態）で気体<br>水溶液は弱酸 |
| CO | 一酸化炭素 | STPで気体 |
| $CH_4$ | メタン | アルカン |
| $CH_3OH$ | メタノール | アルコール |
| HCHO | メタナール（ホルムアルデヒド） | アルデヒド |
| HCOOH | メタン酸（ギ酸） | カルボン酸（弱酸） |
| $CH_3CH_3$ | エタン | アルカン |
| $CH_2CH_2$ | エテン | アルケン |
| $C_6H_6$ | ベンゼン | 芳香族炭化水素 |
| $CH_3CH_2OH$ | エタノール | アルコール |
| $CH_3CHO$ | エタナール（アセトアルデヒド） | アルデヒド |
| $CH_3COOH$ | エタン酸（酢酸） | カルボン酸（弱酸） |

## 付録2　よく知られているアニオンとカチオン

| カチオン | | アニオン | |
|---|---|---|---|
| 化学式 | 名　称 | 化学式 | 名　称 |
| $Na^+$ | ナトリウムイオン | $F^-$ | フッ化物イオン |
| $K^+$ | カリウムイオン | $Cl^-$ | 塩化物イオン |
| $Ca^{2+}$ | カルシウムイオン | $Br^-$ | 臭化物イオン |
| $Mg^{2+}$ | マグネシウムイオン | $SO_4^{2-}$ | 硫酸イオン |
| $Fe^{2+}$ | 鉄(II)イオン | $CO_3^{2-}$ | 炭酸イオン |
| $Fe^{3+}$ | 鉄(III)イオン | $NO_3^-$ | 硝酸イオン |
| $NH_4^+$ | アンモニウムイオン | $OH^-$ | 水酸化物イオン |
| | | $HCO_3^-$ | 炭酸水素イオン |
| | | $PO_4^{3-}$ | リン酸イオン |
| | | $HPO_4^{2-}$ | リン酸一水素イオン |
| | | $H_2PO_4^-$ | リン酸二水素イオン |

## 付録3　よく知られている官能基

| 化学式 | 官能基の名称(化合物名†) | 化学式 | 官能基の名称(化合物名†) |
|---|---|---|---|
| $>C=C<$ | π二重結合(アルケン) | $-NH_2$ | アミノ(アミン) |
| $-O-H$ | ヒドロキシ(アルコール) | $-C(=O)-NH_2$ | アミド |
| $>C=O$ | カルボニル(ケトン) | $-C(=O)-N(R)-$ | ペプチド結合 |
| $-C(=O)-H$ | ホルミル(アルデヒド) | R | アルキル基の一般的な表示($C_nH_{2n+1}$) |
| $-C(=O)-OH$ | カルボキシ(カルボン酸) | | |

†　官能基が最後尾にくる場合の化合物名を( )内に示した.

# 付録4　表記法，公式，定数

## 原　子

$^{A}_{Z}X$　ここで $A=$ 質量数，$Z=$ 原子番号

## 分　子

　構造式中，原子を連結する線は共有結合（σ結合）を，二重線は二重結合すなわち一つのσ結合と一つのπ結合を示す．実線のくさびは紙面から手前に出てくる方向を示し，平行線のくさびは紙面から背後へ出ていく方向を示す．

　鎖あるいは環状構造では通常炭素原子は示さないし，また炭素に結合している水素原子も示さない．

　炭素以外の原子が環状構造の一部を構成しているときは必ず書き示す．

## 量と濃度

**アボガドロ数**（定数）$= 6.022 \times 10^{23}$ とは物質1モル（mol）中の原子数，分子数あるいは粒子数である．**モル**というのは量についての略号である．1000を千といったり，kといったりするように，モルは $6.022 \times 10^{23}$ という数である．アボガドロ数と等しい分子の数を含む量である．

ある化合物の1モルとは分子量をグラム単位で表した質量に等しい物質の量である．たとえば，グルコースの分子式は $C_6H_{12}O_6$ である．この分子の分子量は分子を構成している原子の原子量の合計であるから，グルコースの場合は $(6 \times 12)+(12 \times 1)+(6 \times 16) = 180$ となる．したがって，180 g のグルコースは1モルと等価であるといえる．

**モル濃度**（M）は濃度の単位である．1モルの溶質を溶媒に溶かし，溶液を1Lにしたものを1M溶液という．言い換えると，180 g のグルコースを水に溶かして1Lにしたものを1Mグルコース溶液という．この溶液1 mL を取出しても溶液の濃度が変化することはない（グルコースと水の割合は変わらない）ので濃度は1Mのままであるが，溶液1 mL 中には1ミリモル（mmol）すなわち1モルの1000分の1しか，グルコースは存在しない．

## 酸と塩基

酸性度は水素イオン濃度すなわち $[H^+]$ あるいは $[H_3O^+]$ によって決まる．水素イオン濃度 $[H^+]$ は通常大変小さいので，水素イオン濃度を表すのに pH という尺度を用いる．この尺度は0〜14の範囲で用いる．

$$\text{pH} = -\log_{10}[H^+]$$

水の解離（水の自己イオン化という）は非常に小さい．$K_w$ は水の解離定数で

$$K_w = [H^+][OH^-] = [1 \times 10^{-7}][1 \times 10^{-7}] = 1 \times 10^{-14} \, M^2 \, (\text{すなわち mol}^2 \, dm^{-6})$$

酸は溶液中で解離する．弱酸は一部が解離し，強酸はほぼ完全に解離する．$K_a =$ 酸解離定数．

$$AH + H_2O \rightleftharpoons A^- + H_3O^+ \text{（酸 AH は解離してその共役塩基 } A^- \text{を生じる）}$$

$$K_a = \frac{[A^-][H_3O^+]}{[AH]}$$

酸解離定数の値は通常非常に小さいので，水素イオン濃度の場合と同様，解離定数の対数をとり，$pK_a$ として表す．

$$pK_a = -\log_{10} K_a$$

弱酸がその共役塩基と平衡にある溶液の pH を計算するのに，ヘンダーソン–ハッセルバルヒの式を用いることができる．

$$\mathrm{pH} = \mathrm{p}K_\mathrm{a} + \log_{10} \frac{[\text{塩基}]}{[\text{酸}]}$$

ここで，［塩基］＝共役塩基の濃度，［酸］＝共役酸の濃度である．

この式を用いて緩衝液の pH を計算することもできる．

## 熱 力 学

記号 Δ は物質系のエンタルピーやエントロピーなどの熱力学的諸量（状態量）の変化について用いる．Δ を用いるのは，系の熱力学的諸量の絶対値は求めることができないが，異なる状態の間での系の熱力学的諸量の変化量は求めることができるからである．二つの状態における系の変化量を求めるには，系の状態を表す量それぞれがいくら変わったのか，正確にそれぞれを比較できる必要がある．化学者がこれらの変化量を比較するうえで用いる基準状態のことを標準状態とよび，量のうしろに上付きの ° を用いて表示する．たとえば，$\Delta H°$ は標準状態の下での反応物が同じく標準状態での生成物へと転換されるときのエンタルピー変化を示す．ある物質の標準状態とは圧力 1 気圧の下での純粋な物質の形状のことである．溶液の場合だと，標準状態はその溶質の濃度が 1 M であるときとする．標準状態のエンタルピー変化は通常，25 ℃ すなわち 298 K の温度として記される．生物学的な変化において一つ重要な標準条件がある．それは pH である．生物学者が記号 $\Delta G°'$ を用いて表すのは，pH が 7.0 のときの状態での自由エネルギー変化である．

$\Delta H$ ＝ エンタルピー変化（kJ mol$^{-1}$）
$\Delta S$ ＝ エントロピー変化（kJ mol$^{-1}$ K$^{-1}$）
$\Delta G$ ＝ ギブズ自由エネルギー変化（kJ mol$^{-1}$）

ギブズの式は $\Delta G = \Delta H - T\Delta S$ である．ここで，$T$ はケルビン（K）の単位で表す絶対温度である．

$\Delta G°$ ＝ 1 気圧，298 K での標準自由エネルギー変化
$\Delta G°'$ ＝ 理想溶液の標準状態についての標準自由エネルギー変化
　　　　　（生物系では 25 ℃，pH＝7.0，1 気圧，1 M 濃度溶液）

$\Delta G$ が正の場合は吸エルゴン過程を示し，$\Delta G$ が負になる場合は発エルゴン過程である．

$\Delta H$ が正の場合は吸熱過程を意味し，$\Delta H$ が負の場合は発熱過程を示す．

表記法，公式，定数　173

## 速度論

反応の速度は反応物の濃度［R］の時間変化で与えられる．

$$速度 = \frac{-\Delta[R]}{\Delta t}$$

あるいは生成物濃度［P］の増加速度を用いて，

$$速度 = \frac{\Delta[P]}{\Delta t}$$

反応 $xA + yB \rightleftarrows wC + zD$ では

$$速度 = k[A]^x[B]^y$$

ここで，$k$ は速度定数（決められた温度では）で，$x$ と $y$ は反応次数である．

もしも，$x$ および $y$ がゼロのときは，反応速度はどの反応物の濃度にも依存しない（酵素触媒反応では普通）ので，反応の速度は速度定数と等しくなる．

$$速度 = k$$

$\rightleftarrows$ の矢印記号は可逆反応を意味する．平衡では生成物濃度も，反応物の濃度も正味では変化しない．正反応と逆反応の速度が等しい．

次の反応に対する平衡定数 $K_{eq}$ を表すと，

$$ピルビン酸 + NADH + H^+ \rightleftarrows 乳酸 + NAD^+$$

$$K_{eq} = \frac{[乳酸][NAD^+]}{[ピルビン酸][NADH][H^+]}$$

## 自由エネルギーと平衡

標準自由エネルギー変化と平衡定数は，次の表現で関係づけられる．

$$\Delta G^{\circ\prime} = -RT \ln K_{eq}$$

ここで $R$ は気体定数であり，$T$ は絶対温度である．

## 自由エネルギーと酸化還元電位

標準自由エネルギー変化と標準酸化還元電位の関係は，ネルンストの式で表される．

$$\Delta G^{\circ\prime} = -nFE^{\circ\prime}$$

ここで，$F$ はファラデー定数，$n$ は反応中に移動する電子の数，そして $E^{\circ\prime}$ は標準酸化還元電位（V）．

## 反応性

反応機構を記述するうえで，短い巻矢印は一対の電子の動きを示すのに用いる．片羽の巻矢印は一つの電子（ラジカル形成を伴う場合）の動きを示す．

電子の対について　　　　　一つの電子について
（一般的）　　　　　　　（ラジカル反応の場合）

原子についている二つのドットは一対の電子を表す．たとえば，酸素（カルボニル基中の）は二つの孤立電子対をもつ．

$$\mathrm{>C=\ddot{O}}$$

一方，一つの原子に一つのドットは単一で，不対の電子（すなわちラジカル）を表す．Cl・は塩素ラジカルである．

# 付録5 用語解説

**アニオン**［anion］ 負電荷をもつイオン.
**アノマー**［anomer］ アノマー炭素原子のところだけの立体配置が異なる糖分子の異性体.
**アノマー炭素**［anomeric carbon］ 環状単糖で最も酸化された状態の炭素原子. アノマー炭素はカルボニル基の化学反応性をもつ.
**アボガドロ数**［Avogadro's number］ 公式には $0.012\,kg$ の炭素-12 に存在する炭素-12 原子の数と定義される. アボガドロ数は $6.022×10^{23}$.
**アミノ基**［amino group］ 窒素原子が二つの水素原子と結合した構造をしている官能基. 溶液中ではプロトンを受容し, 荷電状態が+1となるような塩基として振舞う.
**アミノ酸**［amino acid］ カルボキシ基とアミノ基の両方をもっている有機分子. アミノ酸はタンパク質を構成する単量体としても働く.
**アミン**［amine］ アンモニア中の水素原子の一つ以上が有機基で置換されてできる有機分子. アミンは $-NH_2$ 基, $-NH$ 基, $-N$ 基をもつ.
**アルコール**［alcohol］ $-OH$ 基を含む有機分子で, $OH$ が結合している炭素原子は, カルボニル基あるいは芳香環の一部ではないもの.
**アルデヒド**［aldehyde］ $-CHO$ 基をもつ有機分子.
**イオン**［ion］ 電気的に正あるいは負の電荷をもった原子, あるいは原子団.
**イオン結合**［ionic bond］ 反対に荷電したイオンの間での引力によって生じる化学結合.
**異化経路**［catabolic pathway］ 複雑な分子を, より簡単な化合物へ分解することで, エネルギーを放出する代謝経路.
**異性体**［isomer］ 分子式は同一だが構造が異なり, したがって性質も異なる有機化合物の一つ. 異性体の主要な種類に構造異性体, 幾何異性体, 立体異性体（鏡像異性体など光学異性体）がある.
**運動エネルギー**［kinetic energy］ 粒子の運動に基づくエネルギー.
**ATP** アデノシン三リン酸. アデニン含有ヌクレオシド三リン酸でリン酸結合の加水分解の際に自由エネルギーを放出する. 細胞の'エネルギー通貨'. 放出される自由エネルギーが細胞内の吸エルゴン反応の駆動に使われる.
**$NAD^+$（NADH）** ニコチンアミドアデニンジヌクレオチド. 酸化還元反応に関与する補酵素である. $NAD^+$ は酸化型で, 二つの電子を獲得して還元されると NADH になる.
**$M_r$** ⇒ 分子量
**塩**［salt］ i）酸の中の水素イオンを一つ以上別の正荷電イオンで置換して形成されたイオン化合物. ii）酸が塩基と反応して水と一緒に形成される生成物.
**塩基**（ブレンステッド-ローリーの定義）［base］ プロトンを引抜く物質. たとえば, $OH^-$, $NH_3$, $RNH_2$.
**エンタルピー**［enthalpy］ 系の熱容量の値を示す熱力学量.
**エントロピー**［entropy］ 系の無秩序の程度についての量を示す熱力学量.

オクテット則 [octet rule]　原子がイオン結合あるいは共有結合を形成する傾向は原子の外殻エネルギー準位が電子を満杯（8）に到達しようとすることと呼応する．このような状態に到達した原子あるいはイオンは一般的に安定で不活性である．たとえばヘリウムおよびネオンのような希ガスである．

オングストローム（Å）[ångström]　長さの単位．$1 \times 10^{-10}$ m に等しい．

解糖 [glycolysis]　グルコースを分解してピルビン酸にする過程．解糖はすべての生きている細胞内で起こっている酸化的代謝経路で，細胞エネルギーの必須供給源である．

解離 [dissociation]　ⅰ) 結合の切断．ⅱ) イオン性の化合物が水に溶けるときにイオンに分かれること（電離）．

解離定数（酸の），$K_a$ [dissociation constant]　酸が水の中でイオンへ電離する程度を示す平衡定数．(⇒ 酸解離定数)

化学エネルギー [chemical energy]　分子の化学結合に蓄えられているエネルギー．ポテンシャルエネルギーの一つ．

化学結合 [chemical bond]　二つの原子の間で，外殻エネルギー準位の電子を共有すること，もしくは二つのイオンが反対符号の電荷をもつことにより，できる引力．

化学合成独立栄養生物 [chemo-autotroph]　炭素源としては二酸化炭素だけでよいが，エネルギーを無機化合物の酸化により獲得する生物．

化学反応 [chemical reaction]　物質に化学的変化が生じる過程．化学結合の形成と分解またはそのどちらかを伴う．

化学平衡 [chemical equilibrium]　化学反応で，反応物が生成物に転換する速度と，生成物が反応物へ戻るように転換する速度とが等しくなっている化学反応の段階．化学平衡は動的平衡である．

化学量論 [stoichiometry]　化学反応式で，消費した反応物の物質量（モル）と生じた生成物のモルの比．

核（原子の）[nucleus]　正に荷電した原子の中心点で，大きさは小さいが，原子の質量のほとんどが濃縮されている．

核酸 [nucleic acid]　ヌクレオチド（塩基-糖-リン酸）からなる高分子．DNA では糖はデオキシリボースで，RNA ではリボースである．

加水分解 [hydrolysis]　物質が水と反応して，その化合物が二つの部分に切断されること．各断片は水分子の断片（$H^+$ あるいは $OH^-$）と結合する．

カチオン [cation]　正電荷をもつイオン．一つ以上の電子を喪失することで生じる．

活性化エネルギー [activation energy]　反応物が基底状態から遷移状態へと進むうえで，吸収するエネルギー．

活性部位 [active site]　基質が弱い化学結合で結合する酵素上の領域．酵素タンパク質の三次構造中のクレフトあるいはポケットに局在していることが多い．

価電子 [valence electron]　価電子殻にある電子で他の原子の価電子とともに結合をしうるもの．

価電子殻 [valence shell]　原子の最外殻エネルギー（エネルギー準位）で，その元素の化学反応に関与する価電子を含有している．

カルボキシ基 [carboxy group]　カルボン酸にみられる官能基 -COOH

カルボニル基 [carbonyl group]　アルデヒドおよびケトンに存在する官能基 >C=O

カルボン酸 [carboxylic acid]　-COOH 基を含む有機分子．弱酸である．

カロリー［calorie］　1gの水の温度を1℃上げるのに必要なエネルギーの量．大文字のCを使ったCalは食物のエネルギー計算に用いる．これはキロカロリーのこと．

還元［reduction］　物質による電子の獲得．

還元剤［reducing agent］　電子を供与して還元を起こす物質．

還元電位［reduction potential］　ある物質が他の物質を還元する能力についての量．還元電位が負で大きければ多いだけ，電子を供与する傾向が大きくなる．

緩衝液［buffer］　共役の酸と塩基からなる溶液で，これに酸あるいは塩基を外から加えても，pHの変化が最小限になるようなもの．

官能基［functional group］　特別な原子の配置で，しばしば比較的電気陰性度の大きい原子をもち，通常有機分子の炭素骨格に結合していて，化学反応に関与している．例 −OH，＞C＝O

幾何異性体［geometric isomer］　同じ化学式でありながら，原子の空間的配置の異なる化合物．シス−トランス異性体は二重結合の周りの原子の配置が異なる異性体である．

基質［substrate］　酵素が作用する反応物．

軌道混成［orbital hybridization］　原子の外殻エネルギー準位にある電子を再配置して，不対の電子を最大限共有結合に参加できるようにすること．

ギブズ自由エネルギー［Gibbs free energy］　⇒自由エネルギー

吸エルゴン反応［endergonic reaction］　自由エネルギーが正味で加わる化学反応．

求核試薬［nucleophile］　正電荷中心に引き付けられる種類の構造体．代表的な求核試薬には負電荷イオンあるいは孤立電子対をもつ中性原子がある．

求電子試薬［electrophile］　負に荷電した中心に引き付けられる種．求電子試薬はオキソニウムイオン $H_3O^+$ のようなカチオンがその典型である．

吸熱反応［endothermic reaction］　熱エネルギーが系外の環境から吸収される化学反応（すなわち$\Delta H>0$）．

鏡像異性体［enantiomer］　一対の光学異性体（立体異性体）で鏡像が重ね合わせできないもの．D−グルコースとL−グルコースは鏡像異性体（対掌体）である．エナンチオマーともいう．

共役系［conjugated system］　単結合と二重結合が交互に結合した原子（通常炭素）の鎖．

共役酸/塩基［conjugate acid, conjugate base］　塩基によるプロトンの獲得の結果の生成物/酸からのプロトンの喪失の結果の生成物．

共有結合［covalent bond］　一対の電子を共有することで形成される化学結合．

供与共有結合［dative covalent bond］　二つの原子の間で一対の結合電子を共有することで形成される化学結合であるが，電子対は二つの原子の一方だけに由来する．配位結合と同じ．

極性共有結合［polar covalent bond］　電気陰性度の異なる二つの原子の間にある共有結合．電気陰性度の大きい原子は自分の方に電子を引っ張り多少負の電荷をおびていて，もう一方の原子は多少正の電荷をおびている．

極性のある［polar］　電荷の分布が不均等になっている化学種を記述するのに用いられる用語．$\delta^+/\delta^-$で示されることが多い．

極性分子（基）［polar molecule (group)］　電気的に双極子をもつ分子．たとえば官能基で，電気陰性度の大きい原子をもっている場合，極性基という．極性分子（基）は一般に水に可溶である．無極性分子はこのような基をもたず，水に溶けない．

巨大分子［macromolecule］　低分子（単量体）が通常縮合反応により結合して形成される大きな分子（高分子）．多糖，タンパク質，核酸は巨大分子である．

キラルな分子［chiral molecule］　分子の鏡像と重ね合わせのできない分子．不斉分子ともいう．

キロカロリー［kilocalorie］　エネルギーの単位で 4.184 kJ に等しい．1000 カロリーあるいは 1 Cal ともいう．（⇒ カロリー）

均一開裂［homolytic fission］　⇒ ホモリティック開裂

グリコシド結合［glycosidic link］　二つの単糖が脱水によりできた共有結合．最もよくみられるグリコシド結合は，糖のアノマー炭素と別の糖のヒドロキシ基との間で形成される．

$K_{eq}$ ⇒ 平衡定数

$K_a$ ⇒ 酸解離定数

$K_w$ ⇒ 水のイオン積

結合エネルギー［bond energy］　共有結合を切断して，結合にあずかる原子にそれぞれ不対電子 1 個が残るようになるのに必要なエネルギーの平均値．

ケトン［ketone］　カルボニル基の炭素が別の二つの炭素原子に結合している有機化合物．

原　子［atom］　元素の性質を保持している物質の最小単位．

原子価［valence］　原子のもっている結合能力．一般的には，原子の外殻エネルギー準位に存在する不対電子の数に等しい．

原子核［atomic nucleus］　原子の中心にある殻で陽子と中性子を含む．

原子軌道［atomic orbital］　原子の周囲で，電子の存在する確率が高い空間領域．

原子質量単位（amu）［atomic mass unit］　炭素の $^{12}C$ 同位体の 12 分の 1 と等しい原子質量の単位．

元　素［element］　化学的な方法ではこれ以上簡単な物質へと分解できない物質．同じ元素の原子はすべて原子番号が同じで，電子配置も同じである．

光学異性［optical isomerism］　異性性（より厳密には立体異性性）の一種で，二つの光学異性体とは化学構造はすべて同じであり，唯一異なるのは互いの鏡像体に重ね合わせできないもの．光学異性体はキラルな分子としても知られている．

光　子［photon］　光のエネルギー量子．

構造異性体［structural isomer］　分子式は同一だが，原子の共有結合の並びが異なる化合物．

構造式［structural formula］　分子の表し方の一つ．構造式は分子中の個々の原子のつながりが共有結合を表す線で示されているもの．

高分子［polymer］　多数の単量体から形成されている大きい分子．

孤立電子対［lone pair］　ある原子の価電子殻の電子対で結合にあずかっていないもの．

コレステロール［cholesterol］　動物細胞膜の必須成分であるステロイドで，生体で重要な役割をする多数のステロイドの前駆体として働く．

混成軌道［hybrid orbital］　原子軌道の混成によりつくった原子軌道．原子が化学結合をするときに用いる．

酸（ブレンステッド-ローリーの定義）［acid］　プロトンすなわち水素イオンを供与できる物質．

酸　化［oxidation］　反応により，原子あるいは原子団が酸素と結合したり，電子を喪

失したりすること．

**酸解離定数（$K_a$）**［acid dissociation constant］　酸からプロトンが解離する反応の平衡定数．

**酸化還元電位**［redox potential］　原子が電子を獲得したり，喪失したりしやすい傾向の度合い．高い酸化還元電位（正の値）をもつ原子は，酸化還元電位のより低い原子から電子を受取る．

**酸化還元（レドックス）反応**［oxidation-reduction reaction, redox reaction］　酸化と還元の二つの共役半反応からなる反応．一方が酸化で，他方が還元．

**酸化剤**［oxidizing agent］　他の化学種から電子を受取って酸化をひき起こす化学種．

**酸化的リン酸化**［oxidative phophorylation］　電子伝達鎖の酸化還元反応に由来するエネルギーを用いるATP合成．

**σ結合**［sigma bond］　結合軸に沿って，原子軌道同士の重なり（軌道の頭と頭）から形成される共有結合．一方，π結合では軌道の重なりが，結合軸の上下にある．

**実現性**［feasibility］　（化学過程が）うまく進む度合い．

**シトクロム**［cytochrome］　ミトコンドリアおよび葉緑体中にある電子伝達鎖の鉄含有タンパク質成分の一つ．

**自発変化**［spontaneous change］　自然に起こる変化．駆動力を必要としない．

**脂肪酸**［fatty acid］　長鎖のカルボン酸．脂肪酸には炭素鎖の長さ，二重結合の数と部位の異なるものがある．二重結合があるとシスとトランスの幾何異性体があることになる．生体内の不飽和脂肪酸はほとんどシスである．脂肪酸が3個グリセロールに結合したトリアシルグリセロール（中性脂肪）や二つの脂肪酸がグリセロールに結合し，三つ目にリン酸基が結合したリン脂質（ホスホリピド）がある．後者は生体膜の主要な構成成分である．

**自由エネルギー**［free energy］　ギブズ自由エネルギーとは仕事するのに使用できるエネルギーである．この値とエンタルピーおよびエントロピーとはギブズの式で関係付けられる．

$$\Delta G = \Delta H - T\Delta S$$

異化代謝反応で放出される自由エネルギーは，しばしばATP合成のような同化代謝反応と共役している．

**周期表**［periodic table］　元素を原子番号に従って並べたもの．

**縮合反応**［condensation reaction］　二つの分子が互いに共有結合でつながるとき，低分子の喪失を伴う反応．水の喪失を伴う場合は脱水反応．

**ジュール**［joule］　エネルギーの単位．1 J = 0.239 cal; 1 cal = 4.184 J

**触媒**［catalyst］　自分自身を消費することなく反応の速度を変える化学物質．

**親水性の**［hydrophilic］　水との親和性をもつ．hydro（水）と philic（好む）ということからきている．

**水素イオン**［hydrogen ion］　水素の外殻電子一つを失った水素原子．

**水素結合**［hydrogen bond］　電気陰性度の大きい原子（O，N，F）に結合した水素原子とその隣りの電気陰性度の大きい原子との間の静電的な相互作用．この相互作用は異なる二つの分子間でもよいし，同一分子内でもよい．

**水和殻**［hydration shell］　中心のイオンあるいはその他の分子種の周囲に存在する水分子の層．

**スルフヒドリル基**［sulfhydryl group］　硫黄原子に水素原子が結合した構造の官能基．

正四面体的 [tetrahedral]　飽和炭素原子についてとられる幾何. 四つの原子（あるいは基）が一つの炭素原子に結合していると, それらの四つは正四面体の頂点に向かうような配置になる.

静電的な相互作用 [electrostatic interaction]　粒子間の電気的な相互作用についての一般的な用語. 静電的な相互作用には電荷−電荷相互作用, 水素結合およびファンデルワールス力がある.

遷移状態 [transition state]　化学結合が形成されたり, 破壊されたりする過程での原子の配置で, 不安定な, 高いエネルギー状態である. 遷移状態での構造は反応の基質（反応物）と生成物の中間的な構造である.

双極子 [dipole]　数値の等しい, 二つの反対符号の電荷が空間的に離れて存在すること. 分子あるいは化学結合中に電荷が不均等に分布していることに由来する. (⇒ 極性のある)

速度定数 [rate constant]　反応速度式での比例定数.

速度論 [kinetics]　化学反応の速度と機構についての学問.

疎水性相互作用 [hydrophobic interaction]　水分子を周囲から避けるような, 斥力的相互作用. 水が排除することによる, 疎水基同士の凝集.

疎水性の [hydrophobic]　水を疎んじる. hydro は水を意味し, phobic は恐れるを意味することからきている.

代謝 [metabolism]　生物内の化学反応を全体的にみること. 代謝全体は異化代謝と同化代謝からなる.

代謝経路 [metabolic pathway]　細胞の中で起こっている連続した化学反応.

脱水反応 [dehydration reaction]　二つの分子が水分子の除去により互いに共有結合するようになる化学反応.

脱離反応 [elimination reaction]　一つの分子から異なった二つの分子を形成する化学反応.

炭化水素 [hydrocarbon]　水素と炭素だけからなる有機分子.

炭水化物 [carbohydrate]　糖（単糖）, その二量体（二糖類）あるいは高分子（多糖）. C：H：O の比が $m$ 対 $2n$ 対 $n$ である. ただし $m$ は $n$ と等しいか大きい正の整数.

単糖 [monosaccharide]　最も単純な炭水化物（単純糖質）, 単独で活性をもつほか, 二糖類あるいは多糖類の単量体としても働く. 単糖の分子式は一般に $CH_2O$ の整数倍になる.

タンパク質 [protein]　50 より多い $\alpha$−アミノ酸の単位（単量体）がペプチド結合でつながってできている大きい高分子.

単量体 [monomer]　高分子を構成する単位ブロックとなる亜単位.

置換反応 [substitution reaction]　通常は有機化合物の反応に関係した反応. 原子あるいは原子団が別の原子あるいは原子団によって, 置換される反応.

中性子 [neutron]　原子核に存在する電気的に中性の粒子. 同一の元素で中性子数の異なるものは同位体となる.

デオキシリボ核酸（DNA）[deoxyribonucleic acid]　二重らせん構造した核酸分子で, 複製でき, また, 細胞のタンパク質構造の遺伝的性質を決定できる.

デオキシリボース [deoxyribose]　DNA の糖の成分で RNA の糖成分より, ヒドロキシ基が一つ少ない.

電気陰性度 [electronegativity]　共有結合中の電子の, 原子による引き付け.

用 語 解 説　181

電子［electron］　負に荷電した，原子より階層が一つ下の粒子である．
電子エネルギー準位［electron energy level］　原子あるいは分子の，電子エネルギーで許容される値．
電子殻［electron shell］　殻はエネルギー準位と同じ意味．（⇒ 電子エネルギー準位）
電子伝達鎖［electron transport chain］　酸化還元性の性質をもつ電子運搬分子が配置され，電子がまとまって，その配列に沿って行ったり来たりするように並置された電子運搬分子系．
電子の非局在化［delocalization of electron］　電子が一つの分子の中で数個の原子上に広がって存在すること．
電子配置［electron configuration］　原子あるいは分子中の電子が原子軌道あるいは分子軌道に配置されている様子．たとえば炭素原子 C $1s^2 2s^2 2p^2$
同位体［isotope］　同一の元素（陽子の数は同じ）であるが中性子の数が異なり，原子質量が異なるもののこと．同位体には安定同位体と不安定同位体（放射性同位体）とがある．
同化経路［anabolic pathway］　簡単な化合物から，より複雑な分子を合成する代謝経路．
糖新生［gluconeogenesis］　乳酸のような糖でない前駆体から新しくグルコースを合成すること．もっと狭い意味では肝臓におけるグルコースの合成についていう．
独立栄養生物［autotroph］　太陽あるいは無機物の酸化によるエネルギーを利用して，有機分子をつくる生物のこと．
ドルトン［dalton］　$^{12}$C 原子の質量の 12 分の 1 に相当する原子質量単位．
ヌクレオチド［nucleotide］　プリンあるいはピリミジン塩基とペントース（リボースあるいはデオキシリボース）およびリン酸基からなる分子．
熱力学第一法則［first law of thermodynamics］　エネルギー保存の原理．孤立系の内部エネルギーは一定である．エネルギーはつくられたり，消滅したりしない．
熱力学第二法則［second law of thermodynamics］　エネルギーの転移あるいは変換は宇宙の無秩序さを増すという原理．自然に生じる変化は必ず，系のエントロピーの増大を伴う．秩序だった形のエネルギー（共有結合内の）は代謝反応で必ずその一部は熱エネルギーへと変換される．その結果，環境の無秩序さが増す（エントロピーが増す）．
ネルンストの式［Nernst equation］　酸化還元反応の標準自由エネルギー変化とその標準酸化還元電位（$E^{o'}$）と結びつける関係式．$\Delta G^{o'} = -nFE^{o'}$
配位結合［coordinate bond］　二つの原子の間で結合電子一対を共有することで形成される化学結合だが，共有電子対は一方の原子だけに由来する．供与共有結合と同じ．
π 結合［pi bond］　p 軌道に不対電子をもっている原子，二つの間に形成される共有結合．p 軌道の側面同士での融合により，形成され，結合軸の上下にできる．二つの原子間に必ず存在する σ 共有結合に加えて存在する結合なので，二重結合ということになる．二重結合は官能基とみなされる．それは二重結合には電子密度の増加した領域があり，これが求電子試薬で攻撃されるからである．
発エルゴン反応［exergonic reaction］　自発的に起こりうる化学反応で，自由エネルギーの正味での放出がある．
発熱反応［exothermic reaction］　化学反応で正味の熱エネルギーが放出される（すなわち，$\Delta H < 0$）．
半減期［half-life］　i）ある物質の濃度が半分に下がるまでにかかる時間（化学反応速度論）．ii）放射性原子核の元の数の半分が崩壊するのにかかる時間（放射能）．

**反応機構**［reaction mechanism］　反応物から生成物の転換に至る反応段階および各段階での中間体の性質.

**反応次数**［order of reaction］　律速段階に関与する反応物成分の数のこと．一次反応とは反応混合体中の成分の一つにのみ依存して起こるもの．

**反応速度式**［rate equation］　反応の速度と各反応物の濃度との間の関係を表した式．

**反応の速度**［rate of reaction］　化学反応速度は一定期間（時間）内での反応に関与する成分の濃度の変化と定義される．

**反応部位**［reactive site］　分子あるいは官能基のうちで，電子不足あるいは電子に富んでいる部位で，それぞれ求核試薬あるいは求電子試薬が攻撃しやすくなっている部位．

**反応物**［reactant］　化学反応に関与する物質．

**半反応**［half-reaction］　酸化あるいは還元で電子の喪失あるいは獲得を示す反応式．

**pH**　$-\log_{10}[H^+]$ として定義される．pH は化合物の溶液あるいは系の酸性度を表す量である．pH＜7 ということは酸性溶液である．pH＝7 は中性溶液である．pH＞7 は塩基性溶液である．

**p$K_a$**　対数値で，酸の強さを表す．p$K_a$ の定義は酸の解離定数 $K_a$ の対数に負（マイナス）をつけた値である．

**ヒドロキシ基**［hydroxy group］　酸素原子に極性共有結合した水素原子からなる官能基．この基をもつ分子は水に溶けやすく，アルコールとよばれる．

**標準状態**（標準自由エネルギー変化，$\Delta G^{\circ\prime}$；標準酸化還元電位，$E^{\circ\prime}$）［standard state (standard free energy change, $\Delta G^{\circ\prime}$; standard reduction potential, $E^{\circ\prime}$)］　化学反応の基準条件のセット．生化学では温度 298 K（25 ℃），1 気圧，溶液濃度 1 M そして pH 7.0 を標準状態とする．

**ファンデルワールス力**［van der Waals force］　互いに近傍にある分子と分子の間（分子間）あるいは分子の一部の間での弱い電荷−電荷引力あるいは斥力．このような力は分子中の局所での電荷分布のゆらぎにより生じる瞬間的，遷移的な双極子間の相互作用の結果生まれる．

**フィードバック阻害**［feedback inhibition］　代謝制御方法の一つ．代謝経路の最終産物がその経路の酵素に対して阻害物質として働く．

**付加反応**［addition reaction］　二重結合あるいは三重結合に低分子（たとえば $H_2$）が付加すること．

**不均一開裂**［heterolytic fission］　⇒ ヘテロリティック開裂

**不斉炭素**［asymmetric carbon］　四つの異なる元素原子あるいは基が結合している炭素原子．

**不斉分子**［asymmetric molecule］　⇒ キラルな分子

**不対電子**［unpaired electron］　外殻エネルギー準位に存在する 1 個の電子で，これは共有結合の形成に参加しうる．

**不飽和脂肪酸**［unsaturated fatty acid］　炭素−炭素二重結合を少なくとも一つもっている脂肪酸．一般に不飽和脂肪酸の二重結合はシスの立体配置をしている．

**分子**［molecule］　二つ以上の原子が共有結合でつながったもの．

**分子間力**［intermolecular force］　分子間に存在する引力および斥力．

**分子軌道**［molecular orbital］　分子内空間で電子を見いだす確率の高いところを表した領域．

**分子内力**［intramolecular force］　同じ分子内の異なる断片間に生じる相互作用．

## 用語解説

**分子量**（$M_r$）[relative molecular mass]　分子を構成する元素の原子量の総和．

**平衡**[equilibrium]　化学反応において，生成物を形成する正反応の速度が反応物を形成する逆反応の速度と等しくなった状態．このような反応の状態を平衡にあるという．

**平衡定数**（$K_c$, $K_{eq}$）[equilibrium constant]　平衡定数 $K_c$ は反応が平衡にあるときの反応物および生成物濃度についての情報から計算できる．酵素が触媒する反応では平衡定数は通常 $K_{eq}$ で表す．

反応 $aA + bB \rightleftharpoons cC + dD$ では，平衡定数は次で与えられる．
$$K_c = \frac{[C]^c [D]^d}{[A]^a [B]^b}$$

**βひだ折シート**[beta-pleated sheet]　タンパク質の二次構造の一つ．

**ヘテロリティック開裂**（不均一開裂）[heterolytic fission]　一つの分子が分裂して二つの部分になる過程を開裂という．これは分子中の原子間の結合の一つが破壊されることで起こる．ヘテロリティック開裂では，壊れる結合の二つの電子ともに同じ側にいく．これは一つの切断片がもう一つの断片より相当電気陰性度が大きいときに起こる．ヘテロリティック開裂では負に荷電したアニオンは両方の電子を受取り，正に荷電したカチオン電子を受取らない．

**ペプチド結合**[peptide bond]　ペプチドやタンパク質でアミノ酸のカルボニル基が別のアミノ酸のアミノ基窒素と結合したアミド結合．

**変旋光**[mutarotation]　炭水化物の α- あるいは β-ヘミアセタールが両者の平衡混合物に転換されるとき生じる比旋光度の変化．

**芳香族炭化水素**[aromatic hydrocarbon]　単結合と二重結合が交互に存在するのと同じ数の電子が非局在化することにより結合している，平面状の 6 個の炭素原子のセットが一つ以上あるような炭化水素である．最もよく知られていて簡単な芳香族炭化水素はベンゼンである．6 個の炭素原子の立体配置になっているものはベンゼン環として知られている．

**放射性同位体**[radioisotope]　元素の不安定な型で原子核が自然に崩壊し，その際 α 粒子あるいは β 粒子を放射する．さらに電磁エネルギー（γ 線）を放射することもある．

**放射能**[radioactivity]　原子からの α あるいは β 粒子もしくは γ 線（これらの組合わせ）の放射．

**飽和している**[saturated]　生体分子で炭素-炭素の二重結合をもたない分子について，さらにそれ以上水素を結合することができない化合物や，それ以上溶質を溶かすことができない溶液のような場合にも用いられる．

**ポテンシャルエネルギー**[potential energy]　対象となる物体のもっているエネルギーが位置によるものであって運動によるものではない．二つの原子の間の結合エネルギーはポテンシャルエネルギーの一つである．

**ホモリティック開裂**（均一開裂）[homolytic fission]　ホモリティック開裂では切断された結合からの二つの電子は生じた断片で均等に分けられる．これは各断片が外殻に不対電子を含んでいることを意味する．したがって，これらは高度に反応性が大きく，ラジカルとして知られている．ホモリティック開裂は分けられた二つの原子の電気陰性度が近いあるいは同一のときに起こる．すなわち，二つの原子は電子を引き付ける能力がおおよそ同じである．

**水のイオン積**（$K_w$）[ionic product of water]　オキソニウムイオンと水酸化物イオンの

水溶液での濃度の積は $1\times10^{-14}\,M^2$ に等しい.

**水の自己イオン化**［auto-ionization of water］　水の一つの分子から別の分子へプロトンが転移され $H_3O^+$ と $OH^-$ が形成される反応.

$$2\,H_2O \rightleftharpoons H_3O^+ + OH^-$$

**無極性**［apolar］　極性の反対.（⇒ 極性のある）

**モル**［mole］　同位体 $^{12}C$，12.0 g 中にある原子の数と同じだけの粒子を含む物質の量.

**モル質量**［molar mass］　グラム単位で表した，物質1モルの質量.

**モル濃度**［molarity］　溶液1 L あるいは $dm^3$ 当たりの溶質のモル数で表した溶液の濃度.

**遊離基**［free radical］　⇒ ラジカル

**溶液**［solution］　二つ以上の物質の均一な液体混合体.

**溶質**［solute］　溶液に溶けている物質.

**溶媒**［solvent］　溶液のうち，溶かしている方．水は最も有用な溶媒である.

**ラジカル**［radical］　共有結合がホモリティック（均等）に切断されて生じる不対電子をもった分子あるいは原子．ラジカルは反応性が高い.

**ラセミ（混合）体**［racemic mixture］　分子の鏡像異性体（対掌体）が等モルずつ混合したもの．D− および L−グルコースの混合物はその一例.

**律速段階**［rate-limiting step］　反応物が生成物に転換される途中には多数の中間状態が存在することが多い．この中間状態のうち，最も遅い速度で形成される段階のことを全体反応の律速段階という.

**立体異性体**［stereoisomer］　分子式は同一で別の分子の鏡像である分子．これらの異性体は原子の結合の仕方はまったく同じで，空間的な配置が異なる.

**両性（あるいは両親媒性）**［amphipathic, amphiphilic］　親水性領域と疎水性領域の両方をもつ分子.

**リン脂質**［phospholipid］　極性で親水性のグリセロールリン酸からなる頭と，無極性で疎水性の脂肪酸二つからなる尻尾とからなる分子．この分子は両性である．リン脂質は生体膜の主要構成成分である.

**ルシャトリエの原理**［Le Chatelier's principle］　ある系が平衡にあるとき，それに応力がかかったとき，平衡がずれてその応力の効果を最小限にするようになるということを言明したもの.

**レドックス反応**［redox reaction］　⇒ 酸化還元反応

# 索 引

## あ 行

アイソザイム 128
アデニン 37, 113
アデノシン三リン酸 110, 113, 175
アニオン 169, 175
アノマー 75, 175
アノマー炭素 76, 175
アボガドロ数 47, 49, 171, 175
アミド 169
アミノ基 35, 175
　──のプロトン化 92
アミノ酸 28, 93, 175
アミン 175
アラニン 73
RAM 46
アルコール 91, 175
アルデヒド 175
$\alpha$ヘリックス 32
$\alpha$粒子 9
安定同位体 3
アンモニウムイオン 24

イオン 175
イオン化エネルギー 15, 17
イオン結合 26, 175
イオン積
　水の── 87, 183
異化経路 115, 175
異化代謝 101, 115
異性体 72, 175
イソ酵素 128
1s軌道 4
一次反応 122
1,4-グリコシド結合 152
イブプロフェン 79
イミダゾール環 100

運動エネルギー 175

永久双極子 38
amu 46, 178
エキサゴニック 108
s軌道 4
$sp^2$混成 64
$sp^3$混成 60
エタン酸 84, 88, 96
ATP 110, 113, 175
エテン 64
エナンチオマー 73
$NAD^+$ 135, 175
NADH 135, 175
エネルギー 132
エネルギー準位 3
FAD 136
$M_r$ 49, 175
L体 74
塩 175
塩　基 84, 171, 175
塩基解離定数 87
エンダーゴニック 108
エンタルピー 106, 172, 175
エントロピー 107, 172, 175

オキサロ酢酸 134
オキソニウムイオン 83
オクテット則 8, 16, 176
オートラジオグラフィー 13
オレイン酸 77
オングストローム 36, 176
温　度 120
　──と反応速度 120

## か

解　糖 176
解糖系 116

解　離 82, 176
解離定数 87, 176
化学エネルギー 101, 176
化学結合 26, 176
化学合成独立栄養生物 101, 176
化学反応 120, 176
化学反応速度論 120
化学平衡 125, 176
化学量論 127, 176
化学量論係数 127
可逆反応 125
殻 3
核 176
核　酸 152, 176
加水分解 176
カチオン 169, 176
活性化エネルギー 103, 124, 176
活性部位 157, 176
価電子 15, 176
価電子殻 176
カルボキシ基 91, 176
カルボニル基 35, 146, 176
カルボン酸 91, 176
カロリー 101, 177
還　元 133, 177
還元剤 134, 177
還元電位 177
緩衝液 89, 96, 177
　生体の── 96
官能基 26, 39, 145, 157, 177
　──一覧表 169
$\gamma$放射（$\gamma$線） 9

## き

幾何異性 76
幾何異性体 177

希ガス 15
貴ガス 15
基質 177
　――の結合 156
希釈 51, 56
希釈率 51
軌道混成 60, 177
ギブズ自由エネルギー 107, 172, 177
ギブズの式 172
キモトリプシン 157
吸エルゴン過程 108
吸エルゴン反応 177
求核試薬 177
求核置換反応 147
求核中心 145
求核部位 150
求電子試薬 177
求電子中心 145
吸熱反応 102, 177
強塩基 85
強酸 84
鏡像異性体 72, 177
共役 66
共役塩基 89, 177
共役系 177
共役酸 89, 177
共有結合 19, 177
供与共有結合 23, 177
極性 39
　――のある 177
　共有結合の―― 25
極性基 39, 177
極性共有結合 25, 177
極性分子 177
巨大分子 151, 178
キラル炭素 73
キラルな分子 178
キロカロリー 178
均一開裂 148, 178, 183
キンク 33

## く～こ

グアニン 37
グラファイト 68
グラム分子質量 48
グリコシド結合 152, 178
グリセルアルデヒド 74

グルコース 43, 74, 151
　――環状構造 63
グルタミン酸 93

$K_{eq}$ 126, 178
$K_a$ 87, 178
$K_w$ 87, 178
血液
　――のpH 97
結合エネルギー 102, 178
結合解離エネルギー 102
ケトン 178
原子 1, 178
原子価 178
原子核 1, 178
原子軌道 4, 178
原子質量単位 46, 178
原子半径 17
原子番号 1
原子量 46
元素 1, 178

高エネルギー化合物 143
光学異性 72, 178
抗酸化剤 149
光子 178
構造異性体 72, 178
構造式 178
酵素触媒 156
酵素触媒反応 154
高分子 151, 178
氷 35
CoQ 136, 140
呼吸 110
黒鉛 68
孤立電子対 21, 34, 178
コレステロール 45, 178
混成 60
混成軌道 60, 178

## さ

細胞呼吸 110
細胞膜 45
酢酸 84, 88, 96
サリドマイド 78
酸 84, 171, 178
酸-塩基共役対 89
酸化 133, 142, 178

酸解離定数 87, 171, 179
酸化還元共役 135
酸化還元電位 136, 173, 179
酸化還元反応 133, 179
酸化剤 134, 179
酸化的リン酸化 140, 179
酸性度 85, 171
酸素
　――の電子配置 7

## し

ジアステレオマー 75
σ結合 19, 179
σ分子軌道 19
自己イオン化
　水の―― 82, 184
仕事 107
脂質 44
シス-トランス異性 76
シス-トランス異性体 76
質量数 1
質量保存の法則 127
シトクロム 136, 179
シトシン 37
自発変化 179
脂肪酸 44, 179
　両親媒性の―― 44
弱塩基 85
弱酸 84
自由エネルギー 138, 179
　――と平衡 129, 173
周期表 13, 179
重水素 2
ジュウテリウム 2
縮合反応 28, 179
ジュール 101, 179
触媒 103, 179
　――と反応速度 120
親水性 39, 179

## す～そ

水酸化物イオン 83
水素
　――の同位体 2
　――分子 19

索引　187

水素イオン　84, 179
水素イオン濃度　85, 171
水素結合　34, 83, 179
　　──と電気陰性度　35
　　──とヒドロキシ基　43
　　──と水への溶解度　41
　　──の特徴　36
　　DNA 塩基対間の──　37
　　水と氷の──　35
水和殻　179
水和球　42
スルフヒドリル基　42, 157, 179

正四面体構造　62
正四面体的　180
生体膜　44
静電的な相互作用　34, 180
ゼロ次反応　122
遷移状態　103, 124, 180

双極子　25, 180
相対原子質量　46
速度式　121
速度定数　121, 180
速度論　120, 173, 180
疎水性　39, 180
疎水性相互作用　39, 180
素粒子　1

## た

代　謝　113, 180
代謝経路　114, 180
対掌体　73
ダイヤモンド　69
脱水反応　180
脱離反応　147, 180
w/w パーセント組成　52
w/v パーセント組成　52
炭化水素　144, 180
　　エネルギーに富んだ──
　　　　　　　　144
炭酸/炭酸水素系　99
単純希釈　51
炭水化物　132, 151, 180
炭　素　6, 59
　　──の電子配置　6, 59
　　──の同位体　2
炭素-14　11

炭素ナノチューブ　70
単　糖　42, 180
タンパク質　28, 152, 180
単量体　151, 180

## ち〜と

置換反応　147, 180
窒　素　7
　　──の電子配置　7
チミン　37
中性子　1, 180

Da　49, 181
DNA　36, 180
　　──塩基間の水素結合　37
低エネルギー化合物　144
D 体　74
デオキシリボ核酸　180
デオキシリボース　62, 180
電荷-電荷相互作用　37
　　近距離の──　38
電気陰性度　17, 24, 180
電　子　1, 3, 19, 181
　　──の非局在化　65, 181
電子運搬体　138
電子エネルギー準位　3, 181
電子殻　3, 181
電子親和力　17
電子伝達鎖　138, 181
電子配置　5, 181

糖　153
同位体　2, 181
　　水素の──　2
同化経路　115, 181
同化代謝　101, 115
糖新生　117, 181
同素体　68
独立栄養生物　181
トランス　32, 76
トリチウム　2
ドルトン　49, 181

## な 行

ナ　ノ　50

ナノチューブ　70

二次反応　122
二重らせん核酸　154
乳　酸　128
乳酸デヒドロゲナーゼ　128

ヌクレオチド　152, 181

ネオン　8
　　──の電子配置　8
熱力学　105
熱力学第一法則　105, 181
熱力学第二法則　105, 181
ネルンストの式　138, 173, 181
年代決定
　　炭素-14 による──　11
年　譜　10
　　堆積岩の──　10
濃　度　120
　　──と反応速度　120

## は

配位結合　23, 181
π 結合　23, 181
　　──と付加反応　149
π 分子軌道　22
パーセント組成の溶液　52
　　w/w ──　52
　　w/v ──　52
　　v/v ──　53
発エルゴン過程　108
発エルゴン反応　181
バッキーボール　70
発熱反応　102, 181
パルミチン酸　62
半減期　10, 181
反応機構　123, 182
反応経路　123
反応次数　122, 182
反応性　145, 174
反応速度式　121, 182
反応速度論　120
反応の速度　121, 182
反応部位　145, 182
反応物　182
半反応　134, 182

## ひ, ふ

pH 85, 182
　　細胞の—— 94
p軌道 5
非局在化 65, 181
$pK_a$ 88, 171, 182
非結合電子 21
ヒスチジン 100
ビタミンA 77
ヒドロキシ基 35, 91, 182
　　——と水素結合 43
ヒュッケル則 66
標準状態 182
ピルビン酸 128
ピロリ菌 12

ファンデルワールス力 38, 182
フィードバック阻害 121, 182
v/vパーセント組成 53
不活性ガス 15
付加反応 146, 149, 182
不均一開裂 148, 183
不斉炭素 73, 182
不斉分子 182
不対電子 148, 182
物質量 46
部分二重結合性
　　ペプチド結合の—— 29
不飽和脂肪酸 182
フラーレン 69
フルクトース 43
プロトン 1, 84
プロトン化 92
　　アミノ基の—— 92
プロリン 32
分子 19, 182
分子間相互作用 34
分子間力 26, 182
分子軌道 19, 182
分子内力 19, 182
分子量 49, 183

## へ, ほ

平衡 125, 173, 183
平衡位置 128
平衡定数 126, 183
βシート 32
βターン 33
βひだ折シート 183
βベンド 33
β粒子 9
ヘテロリティック開裂 148, 183
ペプチド結合 28, 152, 183
　　——のシスとトランス立体配置 32
ヘム 66
ヘリウム 6
　　——の電子配置 6
ヘリコバクター・ピロリ 12
ベンゼン 65
変旋光 75, 183
ヘンダーソン-ハッセルバルヒの式 90, 172

芳香族性 66
芳香族炭化水素 183
放射性同位体 3, 9, 183
放射免疫療法 11
放射能 183
飽和 183
ホスホジエステル結合 152
ポテンシャルエネルギー 183
ホモリティック開裂 148, 183
ポリペプチド鎖 31
ポルフィリン環 66

## ま~よ

マイクロ 50

水 81
　　——とアミノ酸 93
　　——と酸・塩基 84
　　——とpH 84
　　——のイオン積 87, 183
　　——の解離 82
　　——の自己イオン化 82, 184
　　——の双極子と水素結合 35, 81
　　——分子の孤立電子対 22
　　——への溶解度 41
ミトコンドリア電子伝達鎖 140

ミリ 50
無極性 39, 184
メタン 62
モル 46, 49, 55, 171, 184
モル質量 48, 184
モル濃度 49, 55, 171, 184
遊離基 184
溶液 184
溶解度
　　水への—— 41, 91
陽子 1
溶質 41, 184
ヨウ素-131 11
溶媒 41, 184

## ら行

ラジカル 148, 184
ラジカル反応 148
ラセミ体 184
ラセミ混合物 74, 184
リシン 94
律速段階 124, 184
立体異性体 72, 184
立体配座 32
立体配置
　　ポリペプチド鎖の—— 31
リボース 113
両親媒性 44, 184
両性 184
リンゴ酸 134
リン酸二水素/リン酸水素系 98
リン脂質 44, 184
リン脂質二重層 45
ルシャトリエの原理 128, 184
レチナール 77
レドックス反応 133, 179, 184
連鎖反応 148
連続希釈 51

林　　利　彦
はやし　とし　ひこ

1941 年 東京に生まれる
1965 年 東京大学理学部 卒
1967 年 東京大学大学院理学系研究科
　　　　修士課程 修了
東京大学名誉教授
現 帝京平成大学薬学部 教授
専攻 生物化学，マトリックス生物学
理 学 博 士

第 1 版 第 1 刷 2009 年 3 月 1 日 発行
第 1 版 第 2 刷 2011 年 3 月 1 日 発行

**生命科学系のための 基礎化学**

© 2 0 0 9

訳　者　林　　利　彦
発 行 者　小　澤　美奈子
発　　行　株式会社 東京化学同人
　　　　　東京都文京区千石 3-36-7（〒112-0011）
　　　　　電話 03-3946-5311・FAX 03-3946-5316
　　　　　URL : http://www.tkd-pbl.com/

印　刷　株式会社 シ ナ ノ
製　本　株式会社 青木製本所

ISBN 978-4-8079-0703-8
Printed in Japan

## CatchUp

### 生命科学・医科学のための
# 数学と統計

M. Harris, G. Taylor, J. Taylor 著
長谷川政美 訳
Ａ５判　216 ページ　定価 2310 円

生命科学や医科学領域の具体的な応用例を示すことにより，この領域で必要な数学と統計学の基礎知識が，数学が苦手な人でも興味をもって学べるようにしたコンパクトなテキスト．

### 生命科学・医科学のための
# ヒトの生物学

P. Bradley, J. Calvert 著
村松正實 監訳／後藤貞夫 訳
Ａ５判　208 ページ　定価 2520 円

医学系や薬学系の学生に必要不可欠なヒトの生物学の基礎をやさしく解説したテキスト．生命にかかわる分子の話から始まって，細胞や組織の働きを説明したのち，それらが形づくるいろいろな器官がどのように機能しているのかを，わかりやすく解説する．

価格は税込 ( 2011 年 3 月現在 )